Excelではじめる
数値解析

伊津野 和行
酒井 久和　共著

森北出版株式会社

本書に掲載している Excel のファイルは，下記 URL から
ダウンロードできます．
http://www.morikita.co.jp/books/mid/009631

● 本書の補足情報・正誤表を公開する場合があります．当社 Web サイト（下記）
で本書を検索し，書籍ページをご確認ください．
　　　　　　　　https://www.morikita.co.jp/

● 本書の内容に関するご質問は下記のメールアドレスまでお願いします．なお，
電話でのご質問には応じかねますので，あらかじめご了承ください．
　　　　　　　　editor@morikita.co.jp

● 本書により得られた情報の使用から生じるいかなる損害についても，当社およ
び本書の著者は責任を負わないものとします．

|JCOPY|〈（一社）出版者著作権管理機構　委託出版物〉
本書の無断複製は，著作権法上での例外を除き禁じられています．複製される
場合は，そのつど事前に上記機構（電話 03-5244-5088, FAX 03-5244-5089,
e-mail: info@jcopy.or.jp）の許諾を得てください．

まえがき

　現実世界のさまざまな問題を解決するために現象を数学的に記述した場合，その方程式は必ずしも代数的に（つまり，数の代わりに文字を用いた方程式による）解が得られるとは限らない．数値解析とは，代数的に解を求めることができない問題や，正確な数値がわかりにくい問題に対して，いろいろな数字をあてはめて近似的に答えを見つける方法である．現代では工学の問題から経済の問題まで，コンピュータを使って数値解を求めることが一般的になってきている．

　ここで重要なことは，得られた数値解が，どのような条件下で，どの程度の誤差をもって使えるのかということである．同じ問題を解く場合でも，いろいろな数値解析手法がある．利用する手法によっては，誤差が大きくなったり，時間がかかったりするため，目的にあった適切な手法を選ぶことが重要である．本書では，一つの問題を複数の方法で解く例題を用意し，それぞれの方法の長所・短所を理解しやすいようにした．また，各方法の原理をイメージできるように，図を多く用いて解説した．

　数値解析を理解する近道は，自分で実際に数値解析をしてみることである．また，解いた結果をグラフで表現することができれば，理解が飛躍的に高まるであろう．そのための手段として，本書では表計算ソフトウェアを用いることにし，Microsoft 社の Windows 版 Excel を使って説明している．本書を読みながら入力することで，計算から結果のグラフ化までを体験することができる．表計算ソフトウェアの基本的な命令を使った計算や，VBA というプログラミング言語を使った計算まで，いろいろな種類の例題を用意した．Excel 2013[1] の命令に準拠しているが，基本的な命令を使った部分は，Excel 以外の表計算ソフトウェアでも実行可能である．また，Excel のバージョンによってメニューの場所が異なることがあるが（とくにグラフ関係），ほぼ同等のことはできる．

　数値計算に限らず，どのような分野の問題でも，自分で解いてみなければ知識は身につかない．本書では，各章末にたくさんの演習問題を用意したので，ぜひ自分で計算してみてほしい．数値解析は，さまざまな問題を解決するための便利な道具である．本書が，数値解析手法を駆使できるようになる一助になれば幸いである．

2014 年 6 月

著者ら記す

---

[1] Excel 2016 の命令にも準拠している（2018 年 7 月現在）．

目 次

- 1章　表計算ソフトウェア　　1
  - 1.1　基本的な使い方　　1
  - 1.2　マクロとVBA　　6
  - 演習問題　　14

- 2章　数値解析の基礎　　17
  - 2.1　アナログとデジタル　　17
  - 2.2　有効数字　　18
  - 2.3　数値解析後に必要な作業　　20
  - 2.4　単　位　　26
  - 演習問題　　27

- 3章　関数の近似と補間　　29
  - 3.1　テイラー展開　　29
  - 3.2　補　間　　35
  - 演習問題　　44

- 4章　微分と積分　　46
  - 4.1　数値微分　　46
  - 4.2　数値積分　　56
  - 演習問題　　61

- 5章　非線形方程式　　63
  - 5.1　ニュートン‐ラフソン法　　63
  - 5.2　二分法　　66
  - 5.3　はさみうち法　　68
  - 5.4　Excelの機能を利用する方法　　69
  - 演習問題　　70

6章 ベクトルと行列 — 72
- 6.1 用語の説明 — 72
- 6.2 ベクトルの演算 — 74
- 6.3 行列の演算 — 81
- 演習問題 — 90

7章 微分方程式 — 92
- 7.1 常微分方程式 — 92
- 7.2 偏微分方程式 — 104
- 演習問題 — 110

8章 連立方程式 — 114
- 8.1 Excel の機能を利用した方法 — 114
- 8.2 ガウスの消去法 — 120
- 8.3 非線形連立方程式 — 127
- 演習問題 — 130

9章 確率と統計 — 132
- 9.1 最小二乗法 — 132
- 9.2 モンテカルロ・シミュレーション — 140
- 9.3 確率分布 — 146
- 演習問題 — 154

10章 スペクトル解析 — 158
- 10.1 スペクトルとは — 158
- 10.2 フーリエ級数 — 159
- 10.3 フーリエ変換 — 162
- 10.4 フィルター — 165
- 10.5 ウィンドウ — 167
- 演習問題 — 171

演習問題解答 — 174

索引 — 198

表計算ソフトウェア

表計算ソフトウェア（英語では spreadsheet）とは，縦横に並んだマス目に数字や式を入力して，データを集計したり複雑な関数を計算したりするソフトウェアである．結果のグラフ化や，プログラムを組むこともできるソフトウェアが多い．この本では，Microsoft 社の Excel（エクセル）という表計算ソフトウェアを使って説明する．Excel の詳しい使い方は，すでにいろいろな本やホームページに解説があるので，ここでは，本書で使ううえで必要な基本的な方法だけ簡単に説明しておく．

1.1 基本的な使い方

1.1.1 セル

Excel を起動すると，縦横にマス目が表示される．一つ一つのマス目を「セル」と呼ぶ．セルには，数字や文字や式を記入することができる．数字や文字はそのまま入力し，式は最初に「=」を付けて入力する．式を入力するときには，日本語入力モードではなく，半角英数字を入力できるモードにしておこう．

横の並びを「行」と呼び，左端の数字を使って「1 行目」，「2 行目」，…と表現する．縦の並びを「列」と呼び，上のアルファベットを使って「A 列」，「B 列」，…と表現する．一つ一つのセルは，列と行の名前を使い，図のように C 列の 2 行目であれば「C2 セル」のように表現する．これを，セルの「番地」という．マウスでセルをクリックすると，そのセルの枠が太く囲まれ，そのセルに数字や式を入力することができるようになる．入力したら Enter キーを押して，入力した内容を確定させる必要がある．

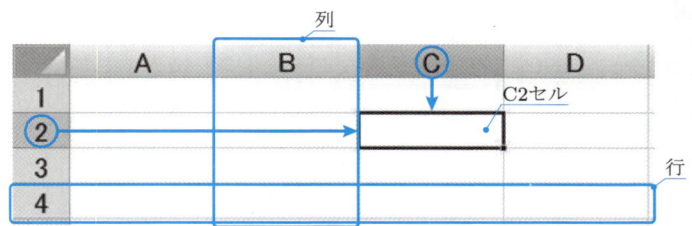

図 1.1

1.1.2 セルの参照と計算

式にもセルの番地が使える.たとえば,A1 セルと B1 セルに入力されている値を加えるには,`=A1+B1` とする❶.セルの列記号は大文字でも小文字でも同じなので,`=a1+b1` でもよい.このように,セルに入力されている値を使うことを,「セルの参照」という.式の中でセルを参照することにより,A1 セルや B1 セルの値を変更するだけで,式を変えずに異なる値の計算ができる.これが,表計算ソフトウェアの利点である.

四則演算など基本的な式を表 1.1 に示す.一つの式に足し算とかけ算が混じっていれば,足し算よりかけ算が優先されるなど,計算の優先順序は普通の数学と同じである.ただし,小カッコも中カッコも大カッコも,すべて ( ) を使うことに注意が必要である.

表 1.1 基本的な演算

演算	数式の例	表計算ソフトウェアでの入力例	備考
足し算	$1+1$	`=1+1`	
引き算	$2-1$	`=2-1`	
かけ算	2×3	`=2*3`	アスタリスクを使う
割り算	$4 \div 2$	`=4/2`	スラッシュを使う
累乗	2^3	`=2^3`	ハットを使う
カッコ	$3*\{1+2\times(2+3)\}$	`=3*(1+2*(2+3))`	

そのほか,合計を計算する `SUM( )` や平均を計算する `AVERAGE( )` など,多くの関数が備えられている.たとえば,A1 セルから A10 セルまで,10 個の値の合計を計算するには,`=SUM(A1:A10)` とする.コロン「:」は,連続したセルを参照する記号である.関数の使い方は,必要な箇所で改めて説明する.

セルの参照について学ぶため,次のような表を用意しよう.

入力	A	B	C	D
1	4	1	2	3
2		4	5	6
3		7	8	9

図 1.2

E1 セルに,B1,C1 セルの和を計算する式を入力する.次のようにキーボードからすべて入力してもよいし,セル番地はマウスで該当するセルをクリックしてもよい.

次に,E1 セルの内容を,青で囲んだ E2 セルと F3 セルにコピーしてみよう.E1 セ

---

❶本書では,セルの番地 `A1`,マクロ名 `example`,変数名 `number` など,読者が自由に変えられるものは青字で表している.

1.1 基本的な使い方

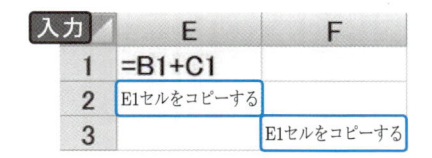

図 1.3

ルをマウスでクリックして選択し，「ホーム」メニューから「コピー」を選ぶ（または，Ctrl キーを押しながら C キーを押す．これを Ctrl+C と書く）．E2 セルをマウスでクリックして選択し，「ホーム」メニューから「貼り付け」を選ぶ（または，Ctrl+V）．すると，そのセルの式が「=B2+C2」に変化していることが確認できる．さらに，F3 セルを選択して，貼り付け作業を行うと，そのセルの式が「=C3+D3」に変わっているはずである．

図 1.4

このように，貼り付けた先のセル番地に合わせ，式で使っているセル番地が変更される．これがセルの**相対参照**と呼ばれる機能である．つまり，E1 セルに入力された「B1」という番地の指定は，B1 セルそのものを意味しているのではなく，そのセル（E1 セル）から三つ左のセルという相対的な位置関係を意味している．そのため，E2 セルにコピーすれば E2 セルの三つ左の B2 セル，F3 セルにコピーすれば F3 セルの三つ左の B3 セルに番地が変更される．この相対参照は，多くの数字に対して同じような作業をする場合にとても便利な機能である．そのため，Excel では，特別な指示をしない限り，式で使われるセル番地は相対参照と見なされる．その結果，コピーした先で意図したものとは異なる式に変わってしまうこともあるので注意を要する．

それでは逆に，式をコピーしてもセル参照を変更したくない場合にはどうすればよいだろうか．そのためには，**絶対参照**という指示をする必要がある．セル番地に「$」という記号を付けると，絶対参照になる．先ほどの表で，B1〜D3 セルに入力された 1〜9 の数字を，全部 A1 セルの値で割るにはどうしたらよいか，例題を使って説明する．

例題 1.1 G1〜I3 セルに，B1〜D3 セルをすべて A1 セルの値で割った値を記入せよ．

解 G1 セルに =B1/$A$1 と入力すれば，A1 セルという指定がコピー後も変わらない「絶対参照」になる．G1 セルの内容をコピーし，H1 セルと I1 セルに貼り付ける．先ほどと同じように，「ホーム」メニューから「コピー」と「貼り付け」を選ぶ方法のほか，次のようにマウスを使う方法もある．セル右下のハンドルと呼ばれる四角い点をマウスでクリックし，クリックしたままマウスを I1 セルまで右へ動かしてからボタンを離してもコピーされる．

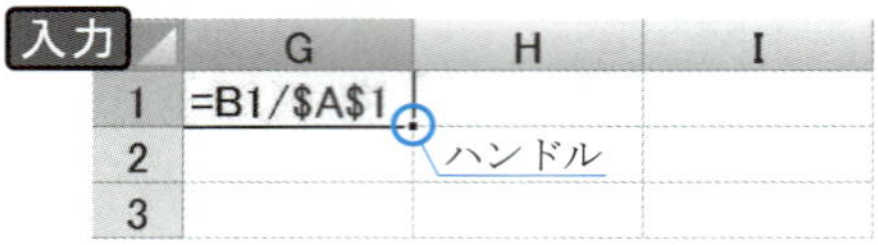

図 1.5

さらに，G2〜I3 セルにもコピーしよう．この場合，G1〜I1 セルをマウスで三つとも選択し，右下のハンドルをマウスでクリックしたまま下へ動かして I3 セルまでもっていけばよい．あるいは，G1〜I3 セルの九つをマウスで選択し，Ctrl キーを押したまま D キーを押す（Ctrl+D）ことでもコピーされる．複数のセルを選択して，Ctrl+D（D は Down の略と覚える）を押せば一番上の行が下にコピーされ，Ctrl+R（R は Right の略と覚える）を押せば一番左の列が右にコピーされる．いずれにせよ，G1〜I3 セルの九つの式が，すべて「=○/$A$1」となり，A1 セルの番地が変化していないことが確認できる．これがセルの絶対参照である．

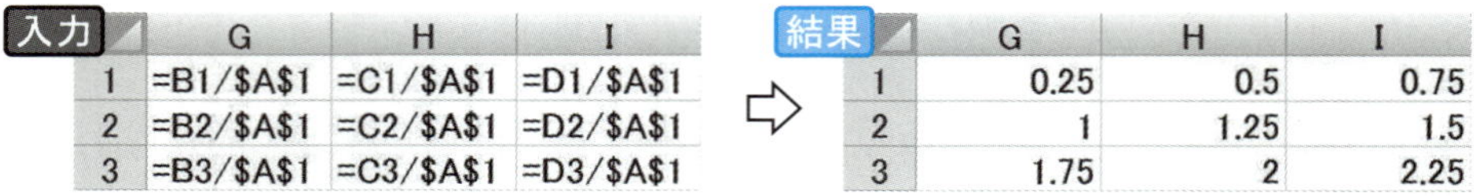

図 1.6

セルを絶対参照する際には，行だけの絶対参照や列だけの絶対参照もできる（**複合参照**ともいう）．$A$1 とすればセルの絶対参照，A$1 で行だけの絶対参照，$A1 で列だけの絶対参照となる．セル番地の入力途中に，F4 キーを押すと自動的に $A$1 と表示される．F4 キーを押すごとに，A1 → $A$1 → A$1 → $A1 → A1 と変化するので確認しよう．

例題 1.2 J1〜L3 セルに，B1〜D3 セルの値をそれぞれ B 列の値で割った値を計算せよ．

解 J1 セルに =B1/$B1 と入力し，これを K1, L1 セルにコピーして，さらに J1〜L1 セルを J3〜L3 セルにコピーする．そして，各セルの式を確認してみよう．J2 セルには =B2/$B2,

J3 セルには =B3/$B3 と，B 列だけ固定されていて，行番号は変化している．K1 セルには =C1/$B1，L3 セルには =D3/$B3 と，どこも分母の B 列だけは固定されていることがわかる．これが列の絶対参照である．

入力	J	K	L
1	=B1/$B1	=C1/$B1	=D1/$B1
2	=B2/$B2	=C2/$B2	=D2/$B2
3	=B3/$B3	=C3/$B3	=D3/$B3

結果	J	K	L
1	1	2	3
2	1	1.25	1.5
3	1	1.1428571	1.2857143

図 1.7

例題 1.3 B4〜D6 セルに，B1〜D3 セルの値をそれぞれ 1 行目の値で割った値を計算せよ．

解 B4 セルに =B1/B$1 と入力し，これを B5, B6 セルにコピー，さらに C4〜D6 セルにコピーする．B5 セルは =B2/B$1, D6 セルは =D3/D$1 と，どこも分母の 1 行目というところだけは固定されていることがわかる．これが行の絶対参照である．

入力	B	C	D
4	=B1/B$1	=C1/C$1	=D1/D$1
5	=B2/B$1	=C2/C$1	=D2/D$1
6	=B3/B$1	=C3/C$1	=D3/D$1

結果	B	C	D
4	1	1	1
5	4	2.5	2
6	7	4	3

図 1.8

1.1.3 エラー

入力した式に間違いがあると，エラーが発生する場合がある．エラーが発生すると，セルに「#」ではじまるエラーメッセージが表示される．たとえば =2/0 とセルに入力すると，#DIV/0! と「0 で割る計算はできない」という意味のエラーが表示される．エラーメッセージの一例を表 1.2 に示す．このうち，#### と # がいくつも表示される列幅不足のエラーは，セルの幅を広げればすぐに解消される．

また，気をつけなければならないのは，**循環参照**というエラーである．いくつかの式が，お互いのセルを参照しあっていたり（たとえば，A1 セルで B1 セルを参照し，B1 セルで A1 セルを参照する），入力しているセル自身を参照（たとえば，A1 セルに =A1 と入力）したりすることによって計算できなくなることを循環参照という．これを防ぐには，基本的に表の左から右へ，上から下へと計算するように心がければよい．つまり，入力しようとしているセルよりも，必ず左か上にあるセルを参照すると間違いが少なくなる．

表 1.2 エラーメッセージの例

エラーメッセージ	意味	例
#DIV/0!	0で割った	計算式の分母が0になった
#NAME?	認識できない文字が使われている	A1 とすべきところ，A とだけ入力した
#VALUE!	数字ではない	=A1+B1 という式を使ったが，A1 セルに数字ではなく文字が入っていた
#N/A	値が見つからない (Not Available)	値を探す関数を使ったが，該当する値が見つからない
####	値の桁が多すぎて表示しきれない	幅の狭いセルに桁の多い数字が出力された

1.2 マクロとVBA

1.2.1 プログラムの作り方

　表計算ソフトウェアにも苦手な作業がある．たとえば，同じ作業をパラメータを少しずつ変化させて計算するような場合，通常の使い方では人間が1回1回セルの値を変えていかなければならない．10回ぐらいなら大丈夫でも，100回，1000回となるとお手上げである．こういった作業を簡単にしてくれるのが，マクロやプログラミングである．Excelには，作業内容を記録して再実行してくれるマクロと呼ばれる仕組みや，Visual Basic for Applications（VBA）というプログラム環境が用意されている．ここでは，VBAの基本について説明する．VBAはBASICというプログラム言語の一種であり，ExcelやWordなど，Microsoft社のソフトウェアに付属している．マクロもプログラムも最終的には同じ方式で保存されるので，ここではあまり区別せずに説明する．

　まず，プログラムを入力する画面を表示させる．「表示」メニューから「マクロ」ボタンを押す．もしくは，「マクロ」と書かれた場所の下にある矢印を押して「マクロの表

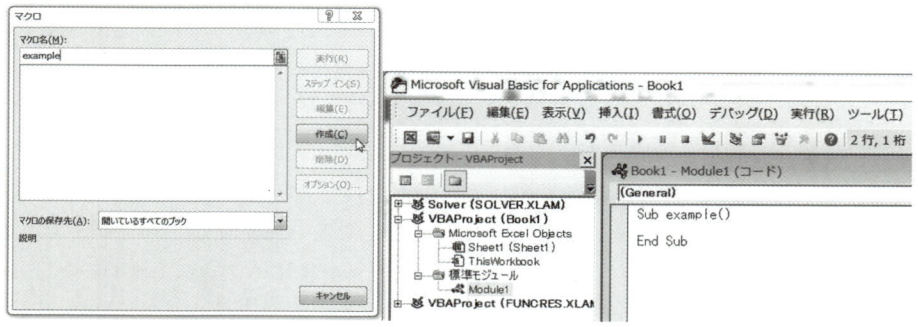

図 1.9

示」を選ぶ．すると，小さな「マクロ」ウィンドウが表示される．マクロ名に example と入力して「作成」ボタンを押すと，VBA の編集画面が表示される．

マクロ 1.1
```
Sub example ( )
End Sub
```

編集画面の，Sub～End Sub の間の行に，プログラムを記述する．入力したマクロ名 example が，Sub example と，このプログラムの名前になっている．マクロ名としては，英数字（アルファベットと数字）や漢字やアンダースコア「_」などが使えるが，本書では英数字だけを使うことにする．また，次の制約があり，使えないマクロ名を使おうとした場合，プログラム作成画面に進めない．
- 数字ではじまる名前は使えない．
- プログラムの命令として使われる言葉（予約語）は使えない．

1.2.2 繰り返し

プログラムを作るには，コンピュータにどのような手順で命令を実行させるか，明確に整理しておくことが必要になる．コンピュータは，プログラムに書かれたことのみを正確に実行していく．問題を解く手順を具体的に示したものを**アルゴリズム**という．アルゴリズムをコンピュータに指示するものがプログラムであり，プログラミング言語（ここでは VBA）ごとに文法が決まっている．コンピュータに指示するアルゴリズムの基本構造は，①順次，②繰り返し，③選択の三つである．①の順次構造は，単に一つ一つ上から順にプログラムを実行していくことを表している．それでは，②の繰り返し構造について，例題を使って説明しよう．

例題 1.4 A1 セルに数字を入力すると，それに 1 ずつ加えた数字を A2～A11 セルの 10 個に自動的に入力するプログラムを作れ．

解　**繰り返し構造**　セルの値に 1 ずつ加えた数字を，10 個のセルに自動的に入力していくには，似たような操作を繰り返す必要がある．あることを繰り返して実行したい場合には，次のような For～Next という命令を使う．

```
For 変数の名前=最初の値 To 最後の値 Step 増加させる値
    繰り返したい命令文
Next 変数の名前
```

変数というのは，数字や文字を記憶させておく場所のことで，電卓のメモリーキーのようなものである．電卓のメモリーは一つしかないが，プログラムではいくつでも使うことができ

る．変数の名前は，英数字や漢字が使えるが，この本では英数字だけを使うことにする．変数名には，

- 数字ではじまる名前は使えない．
- プログラムの命令として使われる言葉（予約語）は使えない．
- マクロ名と同じ名前は使えない．

という制約があるが，それ以外は自由に変数の名前として使うことができる．ここでは，i という名前の変数を定義して，繰り返し回数を数えさせることにする．10 回同じようなことを繰り返すことにしよう．先ほどの For～Next は次のようになる．

```
For i=1 To 10 Step 1
    繰り返したい命令文
Next i
```

Step 1 というのは，繰り返しにともなって i の数を 1 ずつ増加させるという意味である．10 ずつ増加させたければ Step 10，1 ずつ減少させたければ Step -1 とする．なお，1 ずつ増加させるときには，Step 1 を省略できるので，ここでは省略した形式を使うことにする．

この命令により，i という変数に最初 1 が入り，Next i まで来ると For 文まで戻る．そして i が 1 増えて 2 になり，もう一度 Next 文まで命令の実行を繰り返す．さらに i が 1 ずつ増えて同様に命令の実行が繰り返される．命令が 10 回繰り返された後，i が 11 になって For 文へ戻ると，「i=1 To 10」という条件を満たさないので，このループを抜けて Next 文の次の行へ飛ぶ．

計算式の入力　この例題で繰り返したい命令は，A1 セルの値から 1 ずつ加えた数字を，A2～A11 セルに入力していく作業である．A1 セルの値を n という変数に覚えさせておくこととすれば，

```
Cells(i + 1, 1) = n + i
```

という命令文で表現することができる．Cells(i+1,1) はセル（行番号, 列番号）という指定であり，$i+1$ 行目の 1 列目のセルを指している．繰り返しの 1 回目は i が 1 なので，Cells(2,1) つまり A2 セル（2 行 1 列）が指定され，繰り返しの 2 回目は i が 2 なので Cells(3,1) つまり A3 セルが指定され，最後の 10 回目には i が 10 なので Cells(11,1) つまり A11 セルが指定される．なお，プログラムを入力する際には，cells と小文字で入力しても構わない．ほかの for や next も同様である．Excel が自動的に 1 文字目を大文字に変更してくれる．

「=」という記号は，右辺の値を左辺に**代入**するという命令を意味している．$n+i$ は，繰り返しの 1 回目は $n+1$（A1 セルの値 +1），繰り返しの 2 回目は $n+2$（A1 セルの値 +2），…となる．この代入命令によって，A2 セルに $n+1$，A3 セルに $n+2$，A11 セルに $n+10$ が入力される．「=」という記号が，数学の等号とは意味が異なるので注意しよう．

あとは，この For ループに入る前に，A1 セルの値を n という変数に入れておけばよい．これには，

1.2 マクロと VBA

```
n=[A1]
```

という式が使える．なお本書では，なるべく簡易な命令でプログラムを見やすくするように，省略できる命令は省略した形で示している．この `[A1]` という書き方は簡略式である．Excel は複数のワークシートを扱えるし，セルには数字だけでなく，式やフォントやセルの大きさなどの情報までも含まれているので，詳しく指定するのであれば，`n=Worksheets("Sheet1").Range("A1").Value` としたほうがよい．ほかの書き方としては，`n=Range("A1")` あるいは `n=Cells(1,1)` あるいは `n=Cells(1,"A")` などがあり，いずれもA1 セルの値が n という変数に入力される．`n=[a1]` と小文字でもよい．

　以上をまとめるとプログラムは次のようになるので，四角で囲った部分を入力すればよい．

マクロ 1.2

```
n = [A1]                ◀ A1 セルの値を n に読み込む．
For  i = 1 To  10       ◀ Next までを 10 回繰り返す．
    Cells(i + 1, 1) = n + i  ◀ i+1 行 1 列目のセルに n+i を代入．
Next  i                 ◀ A 列の 2〜11 行目に値が入力されていく．
```

入力のコツ　行の最初に空白を入れると，プログラムの構造がわかりやすい．これを**インデント**という．空白をいくつか入力してもよいし，Tab キーを押してもよい．たとえば，上のプログラムでは，`For`〜`Next i` の間，どの命令を繰り返すのか，命令文をインデントしてあるのでわかりやすい．コンピュータにとっては，空白があってもなくても同じであるが，人が読みやすいプログラムを作っておくと，間違いに気づきやすく生産性が向上する．自分で書いたプログラムを 1 年後に読み返すと，詳しいことを覚えていないことが多い．1 年後の自分は他人と同じだと考えて，なるべく他人にとっても読みやすいプログラムを書く習慣を付けておこう．そのためには，インデントとコメントをうまく使うのが重要である．**コメント**とはコンピュータが無視してくれるメモのことで，プログラムのどこでも，シングルクォーテーション「'」を入れると，そこから先がコメント扱いされる．たとえば，

```
n = [A1]     ' A1 セルの値を変数 n に代入する
```

とすれば，「'」以降の文字はコンピュータに無視され，プログラムの実行には影響しないが，プログラムを読む人には内容が理解できて便利である．なお，インデントに使う空白も，コメントに使うシングルクォーテーションも，必ず半角文字を使うように注意しなければならない．半角文字とは，英数字入力モードで入力される文字である．日本語入力モードで漢字やひらがななど全角文字を入力した後には，入力モードを変更するように，とくに注意しよう．また，もし 1 行の文字が長すぎて見にくければ，2 行に分けてもよい．その場合，分ける行の最後にアンダースコア「_」を入れれば，次の行に継続するという意味になる（**継続行**）．

　この `n=[A1]`〜`Next i` の行を入力し，Excel の画面に戻ろう．画面下のタスクバーや，画面上のツールバー左端にある Excel のマークをクリックすれば，もとの画面に戻ることができる．

マクロの実行 A1 セルに適当な数字を入れ,「表示」メニューの「マクロ」を選ぶ. マクロ名から example を選んで「実行」ボタンを押す. 自分が A1 セルに入力した数に 1 ずつ加えた数字が A2〜A11 セルに表示されれば完成である. たとえば, A1 セルに 3 を入力した場合は, 次のようになる.

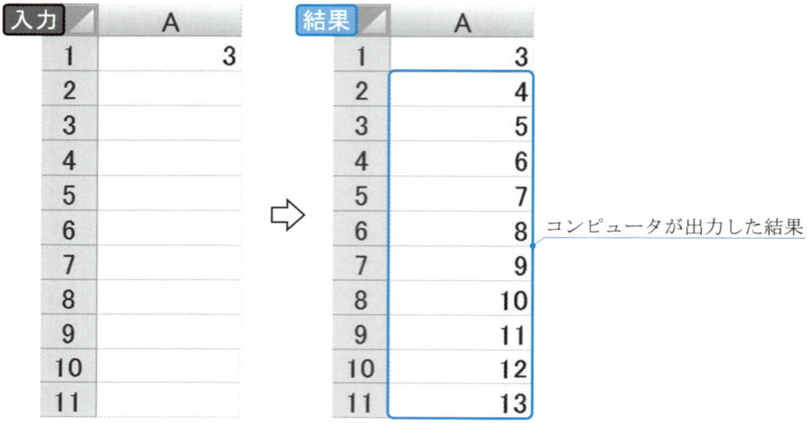

図 1.10

　結果が正しく出力されなかった場合には, どこかにプログラムのミス（これをプログラムに入り込んだ虫という意味でバグ（bug）という）がある. その場合は, 1 行ずつ確認してバグを取り除く（虫を取り除くという意味でデバッグ（debug）という）ことになる. デバッグの際, どこかの行が黄色く反転した文字で表されているときには, プログラムがまだ実行中である. そのときには, VBA ツールバーから ■ マークの「リセット」ボタンを押してプログラムを停止する必要がある. もし, プログラムが暴走して止まらない状態になってしまったら, キーボード左上の Esc キーを押すと止まる.

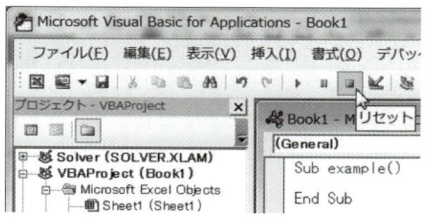

図 1.11

1.2.3 条件判断

　1.2.2 項で説明したアルゴリズムの三つ目の基本構造である選択構造について, 例題

を使って説明する．

> **例題 1.5** 【例題 1.4】で作った表で，偶数の値をもつセルの値を消すプログラムを作れ．

解 「表示」メニューの「マクロ」を選ぶ．マクロ名に cut と入れて「作成」ボタンを押す．今度は次のようなプログラムにする．

マクロ 1.3
```
For i = 1 To 11
    If Cells(i, 1) Mod 2 = 0 Then
        Cells(i, 1).Clear
    End If
Next i
```

For から最後の Next までが繰り返しの部分で，今度は 11 回繰り返している．これは，マクロ 1.2 で作った A1～A11 セルの 11 個を対象にして作業をしたいからである．

次の If～End If は，条件判断をする部分である．セルの値が偶数かどうかを判断し，偶数ならセルの内容を消去することにする．VBA では，

```
If 条件式 Then
    条件が満たされたときに実行される命令文
End If
```

という形式で，条件判断をさせることができる．

条件が満たされないときに別の命令を実行したければ，

```
If 条件式 Then
    条件が満たされたときに実行される命令文
Else
    条件が満たされなかったときに実行される命令文
End If
```

という形式にする．もっといくつも条件を設定したいときには，

```
If 条件式 1 Then
    条件 1 が満たされたときに実行される命令文
ElseIf 条件式 2 Then
    条件 1 が満たされずに，条件 2 が満たされたときに実行される命令文
Else
    上の条件すべてが満たされなかったときに実行される命令文
End If
```

という形式が使える．ElseIf 文はいくつでも使うことができる．

ここでは，条件として，Cells(i, 1) Mod 2 = 0 を使っている．これは，i 行 1 列（A 列の i 行目）の内容 Cells(i, 1) を 2 で割った余りが 0 かどうかを判断させている．Mod というのが余りを計算する演算子で，たとえば 5 を 3 で割った余りを求めたい場合には，5 Mod 3 と書く．等しいとか等しくないとか，条件判断に使う主な記号を表 1.3 に示す．

表 1.3　条件判断に使う記号

記号	意味	記号	意味
=	等しい	<>	等しくない
>	より大きい	<	未満
>=	以上	<=	以下
And	かつ	Or	または

ここでは，セルの内容を 2 で割った余りが 0 に等しい，つまり偶数なら次の命令を実行することになる．

　　Cells(i,1).Clear

という命令で，i 行 1 列（A 列の i 行目）の内容を消去することができる．Cells(i,1) と Clear の間にピリオド「.」が必要なので注意してほしい．

Excel に戻って実行してみよう．「表示」メニューの「マクロ」を選ぶ．マクロ名から cut を選んで「実行」ボタンを押すと，偶数の値をもつセルが消されることが確認できる．たとえば，A1 セルに 3 が入力されていた場合の例は，次のようになる．A1 セルの値をいろいろ変えて example や cut を選び，動作を確認してみよう．

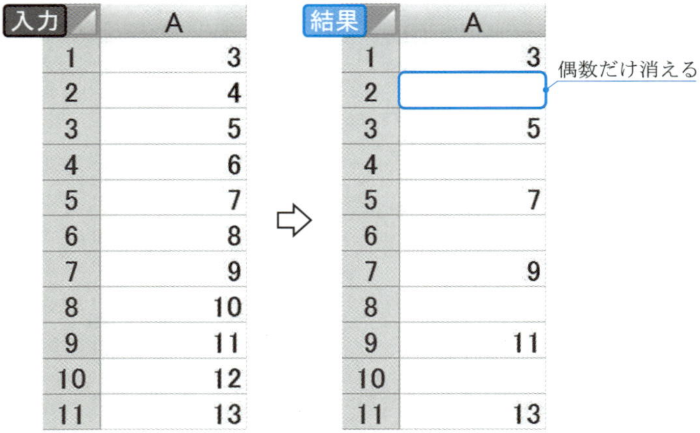

図 1.12

以上で，アルゴリズムの基本構造について学んだ．これだけ知っていれば，基本的なプログラムは作成することができる．

なお，マクロやVBAのプログラムを使ったExcelのファイルを保存する場合，ファイルの種類を「Excelマクロ有効ブック (*.xlsm)」としなければならない．保存の画面で，ファイル名をつける場所の下の「ファイルの種類」を設定する場所で，右端の▼マークを押して，ファイルの種類を設定してほしい．

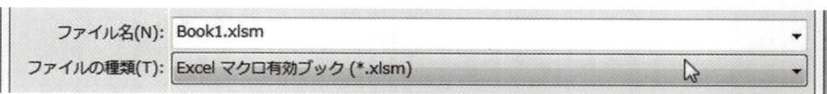

図 1.13

例題 1.6 A1セルに入力した数の約数を2行目に表示するプログラムを作れ．

解 次のような方針でプログラムを作る．
① `number` という変数にA1セルの値を入力する．
② `number` を1〜`number` まで順に割っていって，余りが0ならその数は約数である．割る数をiとする．
③ 約数の数を数えていき，1個目を2行1列，2個目を2行2列，3個目を2行3列に順番に入れていく．約数の数を数える変数を `counts` とする．約数の数は最初は0で，②で約数が見つかるたびに値を1ずつ増やしていく．

「表示」メニューの「マクロ」を選ぶ．マクロ名に `yakusu` と入れ，「作成」ボタンを押す．

マクロ 1.4

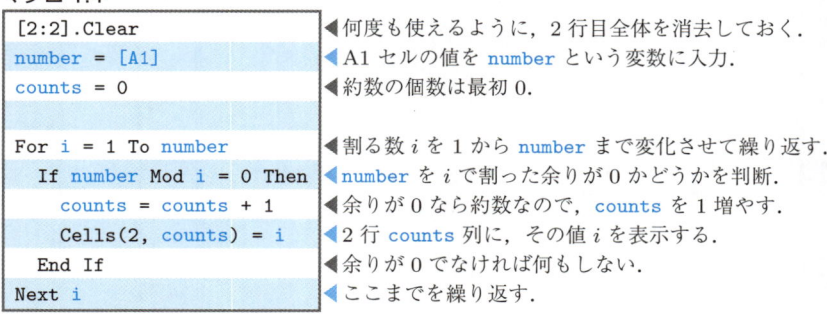

これを入力して，Excelに戻る．A1セルに適当な数字を入れ，「表示」メニューの「マクロ」を選ぶ．マクロ名から `yakusu` を選んで「実行」ボタンを押す．A1セルの数字をいろいろ変更し，約数が2行目に正しく表示されるかどうか確認してほしい．

たとえば，A1セルに18を入れて実行すると，次のように表示される．

入力	A	B	C	D	E	F
1	18					
2						

⇩

結果	A	B	C	D	E	F
1	18					
2	1	2	3	6	9	18

図 1.14

演習問題

1.1 次の表は，観測地 3 箇所における毎月の雨量データである．青で囲んだ合計と平均のセルを計算せよ．合計は =SUM(セル範囲)，平均は =AVERAGE(セル範囲) で計算できる．セル範囲の指定は A1〜C1 セルの場合，A1:C1 とする．

入力	A	B	C	D	E	F
1		1月	2月	3月	合計	平均
2	観測地A	52	56	118		
3	観測地B	48	66	122		
4	観測地C	45	62	104		
5	合計					
6	平均					

図 1.15

1.2 年利 5%の複利で 1 万円を借りた場合，10 年目の元利合計はいくらかを計算せよ．複利とは，今年の元利合計に，(1+年利) をかけた値が翌年の元利合計になる方式である．

ヒント A1 セルに 5%，B1 セルに 10000 を入力する．A2 セルに "1 年目"，B2 セルに計算式を入力し，2 行目を 11 行目までコピーすればよい．A1 セルの参照は絶対参照にしておくこと．

1.3 図 1.16 は，ある都市の人口推移表（単位：万人）である．2008 年の人口に対する 2009〜2012 年の人口比を計算せよ．

1.4 100 点満点のテストの点数を A1 セルに入力する．成績は，60 点以上で「合格」，60 点未満で「不合格」とする．B1 セルに成績を表示する式を書け．

1.5 A1 セルに入力した数が素数かどうか判断し，素数であれば B1 セルに「素数」，素数でなければ B1 セルに「素数ではない」と表示させるプログラムを作成せよ．

ヒント 素数とは，1 とその数以外に約数がない数である．【例題 1.6】で約数の数が 2 にな

	A	B	C	D
1		A市	B市	C市
2	2008年	30	10	8
3	2009年	33	11	9
4	2010年	34	11	12
5	2011年	35	12	13
6	2012年	34	13	12
7	2009年/2008年			
8	2010年/2008年			
9	2011年/2008年			
10	2012年/2008年			

図 1.16

れば素数と判断できる．

1.6 1〜100 の自然数で 7 の倍数をすべて，A 列の 1 行目から下へ書き出すプログラムを作成せよ．

1.7 A1 セルに入力した数と，B1 セルに入力した数の公約数を 2 行目に出力するプログラムを作成せよ．

　ヒント　【例題 1.6】のマクロ 1.4 で，約数だと判定された数 i で B1 セルの値が割り切れれば公約数である．A1 セルの値を入力した後，`number2=[B1]` として，B1 セルの値を入力する．i が約数だと判定された場合に，`number2` が i で割り切れるかどうかを判定すればよい．

1.8 A1〜C1 セルに入力した三つの数の最大公約数を求めるプログラムを作成せよ．

　ヒント　大きい数から順にチェックしていくとよい（`For i=n To 1 Step -1`）．最大公約数が見つかったら For ループを抜けるためには，`Exit For` という命令文を使う．

1.9 100〜999 の数字で，百の位と一の位の数字が同じもの（回文数）を，A 列にすべて書き出すプログラムを作れ．

　ヒント　数字 `number` の百の位を `hundred` とすると，`number` を 100 で割った商の整数部で求められる．したがって，`hundred=Int(number/100)` である．数字 `number` の一の位 `one` は，`number` を 10 で割った余りで計算できる．よって，`one=number Mod 10` である．書き出す行番号 `outputRow` は，初期値を 1 にしておく．`one` と `hundred` が等しければ `Cells(outputRow,1)` に `number` を出力し，`outputRow` の値を一つ増やす．なお，変数名は任意である．

1.10 4 桁の回文数のうち，偶数だけを A 列にすべて書き出すプログラムを作れ．回文数とは，2112 のように逆から読んでも同じ数になる数字である．

Column　ほかの表計算ソフトウェア

　本書では Microsoft 社の Windows 版 Excel を使って説明しているが，そのほかにもいろいろな表計算ソフトウェアが存在する．1.1 節で説明した基本的な使い方は，どの表計算ソフトウェアでもほとんど同じである．1.2 節で説明したマクロに関しては，ソフトウェアによって違いがある．OS によっても命令が異なる場合がある．
①マクロ機能がないもの：そもそもマクロ機能がないソフトウェアでは，本書のマクロを使った部分は実行できない．
②Excel 互換ソフトウェア：Excel 互換ソフトウェアで，VBA 対応と表示されているものでは，かなりの部分がそのまま実行可能である．
③独自のマクロを備えているソフトウェア：マクロの文法が異なるソフトウェアでは，そのソフトウェアに合わせてマクロを書き換える必要がある．
　たとえば，③に属する Libre Office Calc では，
- セルの指定が「行・列」ではなく「列・行」の順．
- セルを番号で指定する際，1 からではなく 0 からの数字で指定．
- 命令文は，ほとんど簡略化できない．
- 命令文は VBA と微妙に異なる．

といった特徴がある．しかし，プログラムの本質的なところ（どのような考えで，どのような順番でコンピュータに命令を与えるかというアルゴリズム）は，どのソフトウェアにも適用することができる．それぞれのソフトウェアの文法を勉強して，本書のマクロを移植してほしい．

2 数値解析の基礎

数値解析では，どこまでの精度で正しい答えを出すのか，答えとして得られた数字の何桁までが信頼できるのかが重要な問題になってくる．この章では，これから数値解析を学ぶにあたり，知っておくべきいくつかの基礎知識について解説する．数値解析だけではなく，工学全般の基礎といってもよい事柄ばかりである．しっかりと理解しておこう．

2.1 アナログとデジタル

現実世界では地震の加速度や車の速度や位置など，すべてが時間的，空間的に連続的に変化する．これらの情報を利用するには，画像として捉えるか，数値化して利用するか，いずれかの方法を用いることになる．

画像として処理する場合，それぞれの情報（データ）は時空間的に連続しており，**アナログ**情報（データ）と呼ばれる．図 2.1(a) のように，アナログデータは紙などに時々刻々記録されているため，データに抜けがなく現実の情報（機器の性能不足や記録漏れも含めて）に忠実な情報である．しかしその反面，情報の保管に手間とスペースを要し，定量的に分析しようとする場合には数値化しなければならない．数値解析で数式を解く場合にも，まずデータを数値情報にしてから解いていくことになる．

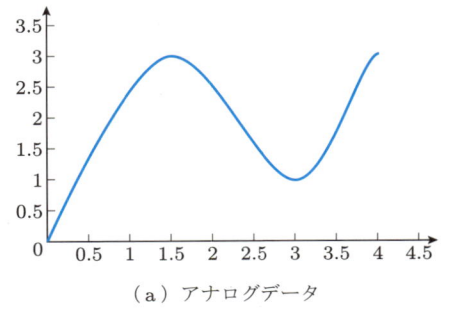 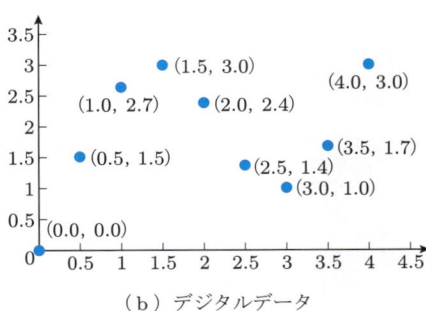

（a）アナログデータ　　　　　　　（b）デジタルデータ

図 2.1　アナログとデジタル

数値化するには，連続量を飛び飛びの値として把握する，すなわち離散化する必要がある．この離散化された飛び飛びの情報（データ）が**デジタル**情報（データ）である．デジタルデータは，図 2.1(b) のようにデータとデータの間の情報が抜けてしまう．しかし，保管や加工が容易である．デジタル情報を使って解析をするのが数値解

2.2 有効数字

工学の計算では，使う数字が何桁まで信頼できるのかを明確にする必要がある．たとえば，1 と 1.0 は信頼できる範囲が異なる．1 は小数第 1 位を四捨五入したとすると 0.5〜1.499... までの可能性があるが，1.0 は小数第 1 位が 0 だということで 0.95〜1.0499... の範囲にある．どこまで信頼できる数字なのか明確に表記する場合に，有効数字という用語を使う．この場合，1 は有効数字 1 桁，1.0 は有効数字 2 桁という．つまり，示されている数字より一桁小さな桁を四捨五入すると，その数字になるということを表しているのが有効数字である．

有効数字 2 桁とは，0.0012 とか，1.2 とか，0.0010 など，少なくとも 2 桁は信頼できる数字を示すということである．有効数字を明示するためには，$\times 10^n$ という形式を使う場合がある．たとえば，100 と書かれている場合，有効数字は何桁だろうか．1 桁かもしれないし，3 桁かもしれない．もし，1 桁であることを明示する場合には，1×10^2 と書き，3 桁であれば 1.00×10^2 と書く．

次に，有効数字を考えた四則演算について考えてみよう．図 2.2 のように縦に細長い長方形を定規で計測することを考える．

長さを計測する場合には，定規の最小目盛の 10 分の 1 までを読み取るため，図 2.2 から横の辺の長さ a は 5.97 cm と読み取れる．実際の図では 5.9666 cm かもしれない

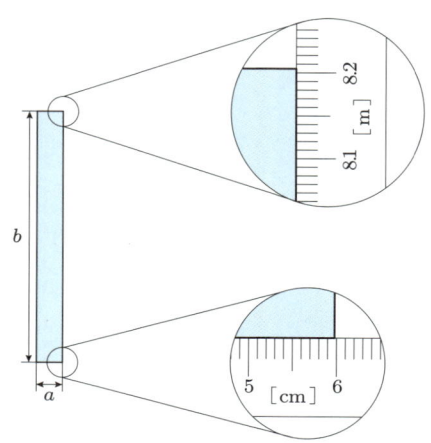

図 2.2　長方形を異なる最小目盛の定規で計測

が，そんな精度まで読み取ることはできない．小数第 2 位の 7 も少し誤差を含んでおり不確定であるが，小数第 1 位までの値は確かである．この場合，有効数字は 5.97 cm となり，有効桁数は 3 桁になる．一方，もっと細かい最小目盛をもつ定規で計測した長方形の縦の長さ b は 8.202 m で，有効数字 4 桁である．ここで，長方形の縦と横の長さの和 $a+b$ を求めてみよう．

$$a + b = 5.97 + 8.202 \times 100 = 5.97 + 820.2 = 826.17 \,\text{cm}$$

この数字はどこまで正しいだろうか．図 2.3(a) に示すように，横の長さ a の小数第 1 位は確かな値である．縦の長さ b の小数第 1 位は不確定であるものの，ある程度の精度をもっている．そのため，小数第 1 位の和はある程度の精度をもっている．小数第 2 位については，横の長さはある程度の精度をもっているが，縦の長さはまったく精度をもっていないため，その和もまったく精度がないことになる．そのため，小数第 2 位を四捨五入して小数第 1 位までが有効数字となり，$a+b$ は 826.2 cm と考えるのが妥当である．

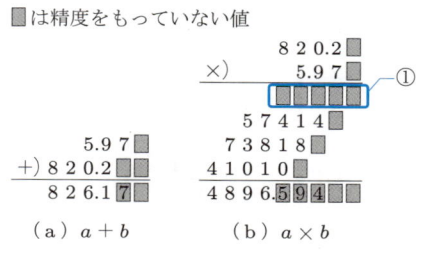

図 2.3 a と b の和と積の計算式

このように足し算の場合，足される数字の末尾の位を比較し，大きいほうの位までを和の有効数字とする．上記の例で用いた 5.97 と 820.2 であれば，小数第 2 位までの数と小数第 1 位までの数の足し算なので，小数第 1 位までを有効数字とする．引き算も同様である．

次に，この長方形の面積 $a \times b$ を求めてみる．図 2.3(b) に示すように，精度がない数字と確かな数字の積には精度がない．解の整数部分 4986 については精度をもっているように見える．しかし，仮に横の長さの小数第 3 位の値が 2 以上であったとすると，①の数字は 6 桁となり，整数部の一の位の精度も怪しいことになる．したがって，この場合，十の位までが有効で有効数字は 3 桁となる．

$$a \times b = 820 \times 5.97 = 4.90 \times 10^3 \,\text{cm}^2$$

このように，かけ算に関しては有効桁数の小さい数が積の有効桁数を決めることに

なる．割り算についても同様である．

　数値計算において，Excel などのソフトウェアを使っていると，非常に桁数が多く示される場合がある．しかし，近似式や仮定を使って計算していれば，実際にそこまで詳細に信頼できるわけではない．結果を人間がちゃんと評価して，適切な有効数字に抑える必要がある．

例題 2.1　次の数字の有効数字は何桁かを答えよ．
① 4.300　　② 1.23×10^3　　③ 9.0×10^{-3}
④ 1.23×10^3 と 2.4×10^1 の和　　⑤ 1.23×10^3 と 2.4×10^1 の積

解　① 4 桁　② 3 桁　③ 2 桁　④ 3 桁　⑤ 2 桁

例題 2.2　Excel を起動し，A1 セルに 0.0000055 と入力する．そのセルを選択した状態で，「ホーム」メニューの「数値」グループ右下にある青で囲んだ小さい矢印を押す．表示形式の分類を「指数」にして「小数点以下の桁数」を 1 にする．表示がどう変わるかを確認せよ．

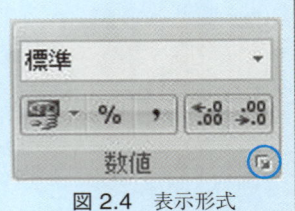

図 2.4　表示形式

解

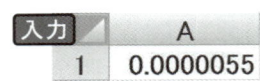 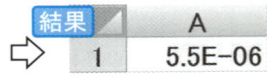

図 2.5

　このように，Excel では非常に大きな数や小さな数を，1E5 や，2E-6 のように表示する場合がある．これはそれぞれ，1×10^5，2×10^{-6} という意味である．これを指数表記という．

2.3 数値解析後に必要な作業

2.3.1 計算後の処理

　数値解析で重要なことは，計算をする作業だけではない．その結果が正しいかを判断し，その結果を使って何かに役立てることがとくに重要である．そのためには，計算過程が正しいかどうかの検討が必要である．したがって，正解がわかっているデータに対して正しい答えが出るかのチェック（キャリブレーションという）が必要になる．あるいは，現象がわかっているデータに対して，その現象を数値的に再現できるかどうか，そして誤差はどれだけか，いろいろなデータに対してチェックすることが

必要である．

　答えの可視化も重要である．目で見てわかるような振動波形など，グラフ化して示すことも重要な処理の一つである．こうした計算後の処理をポスト処理（post-processing）といい，計算結果をほかの人にわかってもらうための作業として，重要性が増してきている．

2.3.2 誤差の検討

　ある入力データに対して，数値解析で求めた結果と，真の値との差を誤差という．コンピュータは絶対に計算を間違えないと普通の人は思う．確かに，正常な条件のもとでは計算を正確に繰り返す．しかし，コンピュータにもいろいろな誤差が入り込む原因があり，この誤差も正確に繰り返される．それでは，コンピュータ特有の誤差について説明する．

(1) 入力データの誤差　　入力する段階ですでに存在している誤差を，入力データの誤差という．公式中の $1/3$ とか，$\sqrt{2}$ とか，ネイピア数 e，円周率 π など，循環小数や無理数をコンピュータでは有限の小数で表現するための誤差である．x に 1% の誤差があると，x^2 には $1.01 \times 1.01 = 1.0201$ と 2% の誤差が生じる．このように，誤差が次の計算に次々と伝わっていくことを誤差の伝播という．

(2) 丸め誤差　　コンピュータは，10進数を2進数に変換して記憶する．このとき，小数を含む10進数は，2進数に変換されるときに変換誤差を生じる．これを丸め誤差という．10進数の5は，2進数では $5 = 4+1 = 2^2+2^0$ だから101である．このように，整数には変換誤差はない．また，10進数の0.875は，$0.875 = 0.5+0.25+0.125 = 2^{-1}+2^{-2}+2^{-3}$ であり，2進数では 0.111 となって変換誤差はない．しかし，10進数の 0.6 は，$0.6 = 2^{-1} + 2^{-4} + 2^{-5} + 2^{-8} + 2^{-9} + \cdots$ であり，2進数では $0.100110011\ldots$ となる．ここで小数点以下の数値を8ビット（0か1かという情報が1ビット）で表すものとすると，0.10011001 となり，それより下位の桁は切り捨てられてしまう．逆に，これを10進数に戻すと，$2^{-1} + 2^{-4} + 2^{-5} + 2^{-8} = 0.59765626$ となって，もとの値 0.6 との間に差が生じる．これが丸め誤差である．0.6 を変数に代入して，すぐ取り出すだけでもう誤差が生じてしまうのである．

　次に，丸め誤差の伝播について説明する．簡単のため，有効数字2桁しか記憶できないコンピュータを考えてみよう．0.12345 は，切り捨てられて 0.12 となる．2進数で記憶する際には，さらに変換誤差が加わる．

　また，三つの数の足し算では，

$$0.11 + (0.055 + 0.0099) = 0.11 + 0.064 = 0.17$$

$$(0.11 + 0.055) + 0.0099 = 0.16 + 0.0099 = 0.16$$

となって，答えが違ってくる．

実際のコンピュータでも，有効数字 2 桁ということはないが，記憶できる桁数は有限である．このようなコンピュータの制限のために，演算のたびに毎回丸め誤差が発生し，計算が進むに従って誤差が伝播していく．また，この例のように，計算の正確さは計算順序にも依存する．コンピュータの小数演算では，数学における交換法則，結合法則，分配法則が必ずしも成り立つわけではない．

今度は，計算がいくつかの段階に分かれていて，前の段階の値を使って次の段階の答えを求める場合の，誤差の伝播について考えてみる．漸化式

$$a_{n+1} = n \times a_n + b$$

では，前の値 a_n の n 倍に b を加えた値が次のステップの値 a_{n+1} になっている．すると，前のステップの誤差も n 倍されてしまい，計算が進むにつれて誤差もどんどん大きくなる．逆に，十分大きな n 番目の値から，n を小さくする方向に計算していけば，誤差も $1/n$ ずつ小さくなっていき，誤差の拡大を防ぐことができる．このように，計算の仕方を工夫することによって誤差を小さくすることも，数値計算では重要なことである．それでは，丸め誤差を使ってコンピュータをだましてみよう．

例題 2.3 Excel では，0.6 の 3 倍が正しく 1.8 にならないことを確認せよ．

解 Excel で「表示」メニューから「マクロ」を選び，マクロ名を gosa1 として次のプログラムを作成する．

まず，A2 セルの値を変数 a に入力し，それを 3 倍したものを変数 b に代入して C2 セルに表示している．次に，B2 セルの値を変数 c に代入している．If 文では，b と c が同じであれば D2 セルに same と表示し，違っていれば different と表示させている．

マクロ 2.1

```
[A1] = "a"              ◀1 行目の A1～D1 セルに説明を出力．
[B1] = "b"
[C1] = "3*a"
[D1] = "b=3*a?"
a = [A2]                ◀A2 セルの値を変数 a に入力する．
b = 3 * a               ◀a の値を 3 倍して変数 b に入力する．
[C2] = b                ◀C2 セルに b の値を出力する．
c = [B2]                ◀B2 セルの値を変数 c に入力する．
If b = c Then           ◀もし，変数 b と c の値が同じなら
    [D2] = "same"       ◀D2 セルに same（同じ）と表示．
Else                    ◀b と c が違う値なら
    [D2] = "different"  ◀different（違う）と表示．
End If
```

それでは，Excel に戻って，A2 セルに 0.5，B2 セルに 1.5 と入力し，「表示」メニューから「マクロ」を選び，マクロ gosa1 を実行してみよう．C2 セルに 1.5，D2 セルに same と表示されるはずである．つまり，B2 セルの 1.5 と，C2 セルに表示されたコンピュータが計算した $0.5 \times 3 = 1.5$ とは同じだと判断されたことになる．当然の結果である．

それでは，A2 セルに 0.6，B2 セルに 1.8 と入力し，再びマクロ gosa1 を実行してみよう．C2 セルに 1.8，D2 セルに different と表示されるはずである．つまり，B2 セルの 1.8 と，C2 セルに表示されたコンピュータが計算した $0.6 \times 3 = 1.8$ とは違うと判断されたことになる．これは，前述の丸め誤差の影響である．

このように，条件判断で実数どうしの比較をさせると，思わぬエラーが出ることがある．

(3) 打ち切り誤差　処理に用いられる計算式が近似式であるために発生する誤差が打ち切り誤差である．無限級数を有限の項で打ち切って近似する場合や，精度を上げるために何回も繰り返して収束計算する際に，繰り返し回数をある程度のところで打ち切った場合などに生じる．

(4) 桁落ち誤差　いくら有効数字がたくさんあっても，あまり大きさに差のない二つの数を引いてしまうと，結果の有効数字が極端に少なくなる．たとえば，$9.87654 - 9.87651 = 0.00003$ のように，有効数字 6 桁が 1 桁になってしまう．この数がかけ算などに出てくると，全体の誤差が増大してしまう．これが桁落ち誤差である．桁落ち誤差を防ぐためには，近い数の引き算はなるべくしないよう，計算を工夫する必要がある．

たとえば，2 次方程式 $ax^2 + bx + c = 0$ の解の一つは，

$$x = \frac{-b + \sqrt{b^2 - 4ac}}{2a} \tag{2.1}$$

であるが，これは，$b > 0$，$b^2 \gg 4ac$ のときに，b と $\sqrt{b^2 - 4ac}$ がほとんど同じ値になり，$-b + \sqrt{b^2 - 4ac}$ の計算に桁落ちが生じやすい．この場合，分子分母に $-b - \sqrt{b^2 - 4ac}$ をかけて式変形をして，

$$x = \frac{-2c}{b + \sqrt{b^2 - 4ac}} \tag{2.2}$$

で計算すればよい．これで桁落ちの原因となる引き算を避けることができる．実際に確かめてみよう．

例題 2.4　2 次方程式 $10^{-8}x^2 + 10^8 x + 10^{-8} = 0$ の解を，式 (2.1) と式 (2.2) に示す 2 種類の方法で計算して比較せよ．

解　Excel で「表示」メニューから「マクロ」を選び，マクロ名を gosa2 として次のプロ

グラムを作成する．ルートは 0.5 乗と同じなので，^0.5 としている．

マクロ 2.2
```
a = 1e-8
b = 1e8
c = 1e-8
x1 = (-b - (b * b - 4 * a * c) ^ 0.5) / 2 / a
x2 = (-b + (b * b - 4 * a * c) ^ 0.5) / 2 / a
x3 = -2 * c / (b + (b * b - 4 * a * c) ^ 0.5)
[A1] = "x1" : [B1] = x1
[A2] = "x2" : [B2] = x2
[A3] = "x3" : [B3] = x3
```

1, 2 行目は，入力すると a=1E-08, b=100000000#と自動的に変換されて表示されるかもしれないが，表現方法が違うだけで同じ数を表しているので気にしなくてよい．

このプログラムは，$a = 10^{-8}, b = 10^8, c = 10^{-8}$ の場合に，まず $ax^2+bx+c = 0$ を式 (2.1) の解の公式を使って解いたときの解を x1, x2 に入れている．x1 を $(-b - \sqrt{b^2 - 4ac})/(2a)$，x2 を $(-b + \sqrt{b^2 - 4ac})/(2a)$ とした．そして，解の公式を式変形した式 (2.2) で解いたときの解 x3 を $(-2c)/(b + \sqrt{b^2 - 4ac})$ として求めた．ファイルを保存して実行してみる．「表示」メニューから「マクロ」→「gosa2」を選んで実行する．

	A	B
1	x1	-1E+16
2	x2	0
3	x3	-1E-16

図 2.6

理論的には，x2, x3 が同じ数となるはずだが，x2 が 0 になってしまい，x3 と異なった値が表示される．x3 のほうが精度よく計算できているため，この場合には式 (2.2) を使うべきだということがわかる．このように，最終的な結果が桁落ちしている場合には気づきやすいが，計算の途中で用いられる値が桁落ちしている場合にはなかなか気づきにくいので，注意してほしい．

2.3.3 計算結果の検討

数値解析には誤差がつきものであるため，コンピュータによって出力された計算結果の数字がどこまで有効であるか，見極めるのが重要である．真の値が前もってわからない場合には，データを少し変えてみたり，異なった誤差をもつ近似式に替えてみたり，演算順序を変更したりして，満足のいく結果に到達させていく工夫が必要になる．また，プログラムのデバッグをするときには，以下のことにも注意しよう．

（1）入力ミス　　もっとも多いのが，人間の入力ミスである．入力した値をそのまま表示して確認するなど，慎重なチェックが望まれる．確認するプログラムを作ってみよう．

「表示」メニューから「マクロ」→「kakunin」と入力し，「編集」ボタンを押す．

```
a = Application.InputBox("number?", Type:=1)
[A1] = a
```

Application.InputBox は，InputBox というポップアップメニューを表示して何かを入力する命令であり，カッコ内の最初がメニューに表示する文字（プロンプトという）で，Type:=1 は数値しか受け付けないための命令である．

Excel に戻り，「表示」メニューから「マクロ」→「kakunin」を選んで実行する．ポップアップメニューが表示されるので，そこに何か数値を入れて OK ボタンを押す．すると，その値が A1 セルに表示されて，値を確認することができる．

また，入力された値が正しい範囲にあるかどうか確認するプログラムにすることも，入力ミスを防ぐのに役立つ．

> **例題 2.5**　入力した値が正の数かどうか確認し，そうでなければ再入力を促すプログラムを作れ．

解　条件が満たされないと再入力を促すために，Do〜Loop Until という繰り返し構造を使うことにする．これは，Until の後に書かれている条件が満たされるまで何度でもその間の命令を繰り返すときに使われる．また，InputBox ポップアップメニューには「キャンセル」というボタンがある．このボタンが押されると，入力された値にかかわらずマクロを終了するようにしておく．

「表示」メニューから「マクロ」→「positive」と入力し，「編集」ボタンを押す．

マクロ 2.3

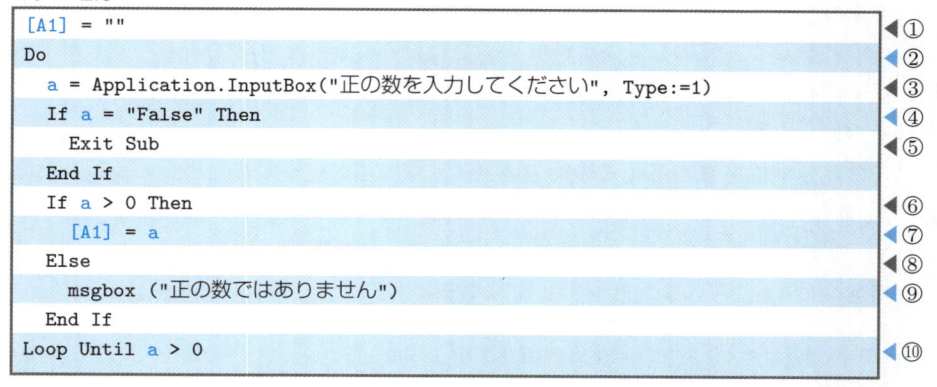

```
[A1] = ""                                                    ◀①
Do                                                           ◀②
  a = Application.InputBox("正の数を入力してください", Type:=1)  ◀③
  If a = "False" Then                                        ◀④
    Exit Sub                                                 ◀⑤
  End If
  If a > 0 Then                                              ◀⑥
    [A1] = a                                                 ◀⑦
  Else                                                       ◀⑧
    msgbox ("正の数ではありません")                             ◀⑨
  End If
Loop Until a > 0                                             ◀⑩
```

①◀何度も使えるように，内容が何もない文字を入力して A1 セルの内容を消去しておく．
②◀⑩の Loop 行までを何度も繰り返す．
③◀ポップアップメニューを表示して数値を変数 a に入力する．
④◀キャンセルボタンが押されると False になる．
⑤◀このプログラムを強制的に終了する．
⑥◀正の数であれば
⑦◀A1 セルにその値を出力する．
⑧◀そうでなければ
⑨◀メッセージボックスを表示する．
⑩◀正の数（$a > 0$）が入力されるまで何度でも繰り返す．

(2) 整数と実数　　よく間違いやすい問題に，整数と実数の違いがある．人間にとっては 1 も 1.0 も同じ数だが，コンピュータでは整数の 1 と実数の 1.0 を区別する．整数と実数は記憶の方法が違うからである．そのため，整数と実数を比較すると思わぬ結果になる．

(3) セルの参照ミス　　Excel では，基本的に式中のセルは相対参照（1.1 節参照）になっている．コピーした先で，参照式に思わぬ変化があり，間違いが発生することがある．コピーしたら，必ずセルの式を確認したほうがよい．

2.4 単　位

単位は非常に重要である．当然のことであるが，100 mm と 100 cm では同じ 100 でも大きさが 10 倍異なる．せっかく正しい数値解析結果を出しても，単位を間違うと何にもならない．それにもかかわらず，単位を明記しない人が非常に多い．自信がないので明記しないのかもしれない．誤った使用も散見される．

とくに誤った使用が多いのが，質量，重量，力に関する単位の使用である．質量と重量に関しては，日常使用している単位と工学で使用する単位が異なることに原因があると思われる．たとえば，体重 70 kg とか，2 t トラックとかいう場合の意味は重量であるのに対して，使用している単位は工学において質量を意味するものである．重量を表すためには質量に重力加速度をかけた値を用いるべきであるのに，日常の使用ではそのような使い方をしない．

以前は重力単位系を使用して体重 70 kgf（重力加速度が作用した場合の重量を意味し，kg 重とも表せる）が使用されてきた．しかし，1999 年以降は国際単位（SI）系の N（ニュートン）を使用することになっている．1 kg の質量の物質に 1 N を作用させると，その作用方向に 1 m/s² の加速度を生じる．すなわち，

$$1\,\text{N} = 1\,\text{kg} \times 1\,\text{m/s}^2 = 1\,\text{kg} \cdot \text{m/s}^2$$

であり，重量は質量に重力加速度（$g = 9.80665\,\mathrm{m/s^2}$）をかけた値になる．

法定計量単位として示されている SI 単位のうち，本書で用いる主要な単位を表 2.1 に抜粋して示す．

表 2.1　SI 単位に係る計量単位

物象の状態の量	計量単位	標準となるべき単位記号
長さ	メートル	m
質量	キログラム，グラム，トン	kg, g, t
時間	秒，分，時	s, min, h
角度	ラジアン，度，分，秒	rad, °, ′, ″
面積	平方メートル	$\mathrm{m^2}$
体積	立方メートル，リットル	$\mathrm{m^3}$, l または L
周波数	ヘルツ	Hz
力	ニュートン	N
力のモーメント	ニュートンメートル	N·m
応力	パスカル，ニュートン毎平方メートル	Pa, $\mathrm{N/m^2}$
仕事	ジュール，ワット秒，ワット時	J, W·s, W·h

演習問題

2.1 $a = 3.14159$, $b = 3.14157$, $c = 3.14$ とするとき，$(a - b) \times c$ の有効数字は何桁かを答えよ．

2.2 数字 123.4567 を，有効数字 2 桁と，有効数字 5 桁で，それぞれ表せ．

2.3 $a = 1.3 \times 10^2$ と $b = 2.43 \times 10^2$ に対し，$b - a$ と $a \times b$ を計算せよ．有効数字を正しく扱うこと．

2.4 $a = 1.3 \times 10^2$ と $b = 2.43 \times 10^2$ のとき，$b - a$ の真値が存在する範囲を答えよ．

2.5 ばね定数 $k = 1\,\mathrm{MN/m}$ のばねを $3\,\mathrm{N}$ の力で引っ張れば何 cm 伸びるか，単位に注意して計算せよ．

2.6 質量 $8.0 \times 10^{-1}\,\mathrm{kg}$ の物体を，重力に逆らって $1.03 \times 10^2\,\mathrm{cm}$ の高さまで持ち上げた場合，仕事量は何 N·m になるかを求めよ．重力加速度は $9.8\,\mathrm{m/s^2}$ とする．

2.7 x の値が非常に小さいとき，$2 - \sqrt{x^2 + 4}$ は，ほぼ 0 になる．この値を精度よく求めるにはどうすればよいかを答えよ．

2.8 【例題 2.3】で，0.6×3 が 1.8 と等しいと Excel に判断させる方法を考えよ．

2.9 InputBox から入力された値が整数かどうかチェックし，整数なら A1 セルにその値を出力するプログラムを作れ．また，整数でなければ再入力を促すようにせよ．

> **ヒント**　小数点の位置を調べる関数を使うこと．`b=InStr(a,".")` という命令文を使うと，変数 a の小数点が何文字目にあるかという数字が変数 b に入る．$b = 0$ なら小数点を含んでいない（つまり整数）ということがわかる．

2.10 InputBox から入力された値が 1〜100 の自然数なら A1 セルにその値を出力し，そうでなければ再入力を促すプログラムを作成せよ．

Column	アナログとデジタルの変換

電圧などアナログ量による命令で動く機械と，デジタルの値しか扱えないコンピュータを接続する場合には，AD 変換器や DA 変換器が用いられる．AD 変換は Analog to Digital の略で，実験機器などのアナログの電圧や電流をデジタルの数字に変換してコンピュータに入力するときに用いる．逆に，DA 変換は Digital to Analog の略で，コンピュータからの数字による指令を，電圧などのアナログ量に変換して実験機器を制御するときに用いる．その際には，1 秒間に何個のデータを変換するのかを表すサンプリング周波数（100 Hz サンプリングなら 1 秒間に 100 個）と，デジタルの数字を何ビット（1 ビットは 2 進数 1 桁）で細かく表すかで，変換精度が決まってくる．たとえば，気象庁の 95 型震度計は，100 Hz サンプリング，24 ビットの精度で ±20 m/s^2（重力加速度の約 2 倍）の範囲の地震加速度を計測している．

3 関数の近似と補間

工学で扱う関数は複雑なものが多く，簡単な関数で近似しないと使いにくい場合がある．また，2章で述べたようにデジタル情報は時空間的に飛び飛びのデータしか得られないため，データとデータの間の計測されていない値を推測すること（これを補間するという）が必要なことがある．この章では，関数の近似と補間について学ぶ．

3.1 テイラー展開

複雑な関数を簡単な式で近似することができれば，代数的な解が求められなくても近似的な解を得ることができ，工学の分野ではいろいろな応用ができる．ここでは，x の累乗（$x, x^2, x^3, \cdots$）で関数を近似する方法について説明する．

3.1.1 テイラー展開とは

ある関数 $f(x)$ の，$x = a$ における値がわかっていて，その近傍における値を近似的に求めたいとき，テイラー展開という手法がよく用いられる．たとえば，1.0002^{20} を求めたいとき，1.0002 は 1 に近い値だということを利用して，

$$1.0002^{20} \fallingdotseq 1 + 20 \times 0.0002 = 1.004$$

という計算で，ほぼ正しい値（真値は $1.004007609\ldots$）を求めることができる．式で書くと次式になる．なお，$f^{(n)}$ という記号は，n 回微分することを表す．

$$\begin{aligned}f(x) &= f(a) + \frac{1}{1!}f'(a)(x-a) + \frac{1}{2!}f''(a)(x-a)^2 + \frac{1}{3!}f'''(a)(x-a)^3 \\ &\quad + \cdots + \frac{1}{n!}f^{(n)}(a)(x-a)^n + \cdots \\ &= f(a) + \sum_{i=1}^{\infty} \frac{1}{i!}f^{(i)}(a)(x-a)^i \end{aligned} \tag{3.1}$$

これが，$x = a$ におけるテイラー展開（$x = a$ のまわりでのテイラー展開ともいう）の式である．イギリスの数学者，Brook Taylor（1685–1731）の名前に由来する．先ほどの 1.0002^{20} という計算は，$f(x) = x^{20}$，$a = 1$ とおいて，テイラー展開の第 2 項まで考えたものである．

$$f(1) = 1^{20} = 1, \quad f'(x) = 20x^{19} \text{ より}$$

$$f'(1) = 20 \times 1^{19} = 20, \quad x - a = 1.0002 - 1 = 0.0002$$

$$f(1.0002) \fallingdotseq f(1) + f'(1) \times 0.0002 = 1 + 20 \times 0.0002 = 1.004$$

真値との差は，式 (3.1) の無限級数を第 2 項までしか計算しないために生じる打ち切り誤差（2.3.2 項参照）である．式 (3.1) の第 2 項までの近似は x の 1 次式（直線），第 3 項までの近似は x の 2 次式（放物線），第 $n+1$ 項までの近似は x の n 次式になる．

3.1.2 テイラー展開の導出

式 (3.1) がなぜこのような形になっているかを説明する．まず，

$$f(x) = b_0 + b_1(x-a) + b_2(x-a)^2 + b_3(x-a)^3 + \cdots \tag{3.2}$$

と，微小量 $\Delta x = x - a$ の累乗の多項式で関数を表すことを考える．

$x = a$ を式 (3.2) に代入すると，$f(a) = b_0$ となって，2 項目以降は $(x-a)$ の部分が $a - a = 0$ のため消えてしまう．

$$\therefore b_0 = f(a)$$

次に，式 (3.2) の両辺を x で微分する．

$$f'(x) = b_1 + 2b_2(x-a) + 3b_3(x-a)^2 + \cdots \tag{3.3}$$

$x = a$ を式 (3.3) に代入すると，$f'(a) = b_1$ となって，2 項目以降が消える．$\therefore b_1 = f'(a)$

同様に，式 (3.3) をもう 1 回微分する．

$$f''(x) = 2b_2 + 3 \times 2b_3(x-a) + 4 \times 3b_4(x-a)^2 + \cdots \tag{3.4}$$

$x = a$ を式 (3.4) に代入すると，$f''(a) = 2b_2$ となって，2 項目以降が消える．

$$\therefore b_2 = \frac{f''(a)}{2}$$

これを繰り返すと，

$$b_3 = \frac{f'''(a)}{3 \times 2}, \quad b_4 = \frac{f^{(4)}(a)}{4 \times 3 \times 2}, \quad \cdots, \quad b_n = \frac{f^{(n)}(a)}{n!}$$

となる．

次に，テイラー展開の第 2 項目までは何を意味しているか，図を使って説明する．

$$f(x) \fallingdotseq f(a) + \frac{1}{1!}f'(a)(x-a) \tag{3.5}$$

は，図 3.1 のように点 $(a, f(a))$ における関数 $f(x)$ の接線（$f(x)$ の変化率）を利用して，点 A の値を求めていることになる．もし，$x - a$ の値が非常に小さければ関数の

3.1 テイラー展開

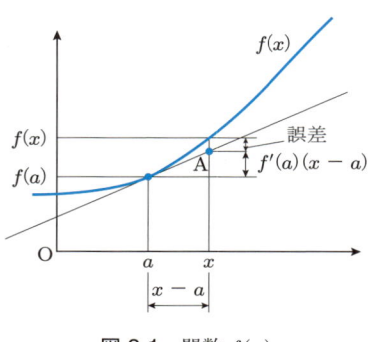

図 3.1 関数 $f(x)$

図 3.2 関数の接線

変化は直線で近似でき，その直線は点 $(a, f(a))$ における接線で近似できることから，誤差は非常に小さくなる．

しかし，x と a が少し離れると誤差は無視できない．その際には接線の変化率，すなわち $f'(x)$ の微分 $f''(x)$ を利用するとよい．ここで，図 3.1 の $f'(a)$ の代わりに点 $(x, f(x))$ の接線 $f'(x)$，$f'(a)$ の平均を用いると，図 3.2 のように誤差をより小さくすることができる．点 $(x, f(x))$ の接線 $f'(x)$ は，図 3.1 の $f(x), f(a)$ を $f'(x), f'(a)$ と読み替えると，

$$f'(x) = f'(a) + f''(a)(x - a) \tag{3.6}$$

と近似できることから，$f(x)$ の近似値は，

$$\begin{aligned}
f(x) &\fallingdotseq f(a) + \frac{f'(a) + f'(x)}{2}(x - a) \\
&= f(a) + \frac{f'(a) + \{f'(a) + f''(a)(x - a)\}}{2}(x - a) \\
&= f(a) + \frac{f'(a)}{1!}(x - a) + \frac{f''(a)}{2!}(x - a)^2
\end{aligned} \tag{3.7}$$

となり，テイラー展開の 3 項目までに一致する．以降，$f''(x)$ の変化率，そのまた変化率を用いること，すなわちテイラー展開の高次の項を考慮することで，どんどん誤差を小さくすることができる．

3.1.3 超越関数の近似

テイラー展開を利用すると，指数関数や三角関数などの超越関数も多項式で近似することができる．それでは，どの程度 $x = a$ と離れていてもテイラー展開の式が使えるのか，Excel を使って調べてみよう．

3章 関数の近似と補間

例題 3.1 $f(x) = e^x$ を，$x = 0$ においてテイラー展開せよ．

解 **入力式の整理** 指数関数 $f(x) = e^x$ は，何回微分しても導関数は e^x になるので，式 (3.1) のテイラー展開は，次式となる．

$$f(x) = e^a + \frac{1}{1!}e^a(x-a) + \frac{1}{2!}e^a(x-a)^2 + \frac{1}{3!}e^a(x-a)^3 + \cdots \tag{3.8}$$

$x = 0$ におけるテイラー展開を考えると，式 (3.8) に $a = 0$ を代入し，$e^0 = 1$ を使えば，

$$f(x) = 1 + x + \frac{1}{2!}x^2 + \frac{1}{3!}x^3 + \cdots \tag{3.9}$$

と表せる．なお，$x = 0$ におけるテイラー展開は，マクローリン展開（Colin Maclaurin, スコットランド，1698–1746）とも呼ばれる．

計算の実行 この式 (3.9) の $x = 0$ 付近における近似精度を Excel で確認してみよう．Excel を起動し，1 行目を次のように入力する．A 列に x 軸，B 列に $f(x) = e^x$，C～E 列にテイラー展開の式を入れることにする．まず，A2, A3 セルに -1, -0.9 を入力し，A2, A3 セルの二つをマウスでドラッグして選択する．A3 セル右下に現れる黒い小さな四角（ハンドル）をマウスで押したまま，A22 セルまで下ろしていくと，A 列に -1～1 と 0.1 刻みの数字が入力される．

入力

	A	B	C	D	E
1	x	exp	1次	2次	3次
2	-1				
3	-0.9				
4					

押したまま，マウスをA22セルまで下へ動かす

図 3.3

B 列には e^x を入力する．Excel で指数関数は `EXP( )` を使う．C 列には，x の 1 次までの近似 $1 + x$ を入力する．D 列には，x の 2 次までの近似 $1 + x + x^2/2!$ を入力する．これは，C 列に $x^2/2!$ を加えればよい．E 列には，x の 3 次までの近似 $1 + x + x^2/2! + x^3/3!$ を入力する．これは，D 列に $x^3/3!$ を加えればよい．

Excel で階乗の計算は，`FACT( )` を使う．したがって，B2～E2 セルに，次のように入力する．

入力

	A	B	C	D	E
1	x	exp	1次	2次	3次
2	-1	=EXP(A2)	=1+A2	=C2+1/FACT(2)*A2^2	=D2+1/FACT(3)*A2^3
3	-0.9				

図 3.4

3.1 テイラー展開

B2〜E22 セルを選び（B2 セルをマウスで選択し，次に Shift キーを押しながら E22 セルを選ぶ），Ctrl+D で，下に式をコピーする（図 3.5）．

結果

	A	B	C	D	E
1	x	exp	1次	2次	3次
2	-1	0.36787944	0	0.5	0.333333333
3	-0.9	0.40656966	0.1	0.505	0.3835
4	-0.8	0.44932896	0.2	0.52	0.434666667
5	-0.7	0.4965853	0.3	0.545	0.487833333
6	-0.6	0.54881164	0.4	0.58	0.544
7	-0.5	0.60653066	0.5	0.625	0.604166667
8	-0.4	0.67032005	0.6	0.68	0.669333333
9	-0.3	0.74081822	0.7	0.745	0.7405
10	-0.2	0.81873075	0.8	0.82	0.818666667
11	-0.1	0.90483742	0.9	0.905	0.904833333
12	0	1	1	1	1
13	0.1	1.10517092	1.1	1.105	1.105166667
14	0.2	1.22140276	1.2	1.22	1.221333333
15	0.3	1.34985881	1.3	1.345	1.3495
16	0.4	1.4918247	1.4	1.48	1.490666667
17	0.5	1.64872127	1.5	1.625	1.645833333
18	0.6	1.8221188	1.6	1.78	1.816
19	0.7	2.01375271	1.7	1.945	2.002166667
20	0.8	2.22554093	1.8	2.12	2.205333333
21	0.9	2.45960311	1.9	2.305	2.4265
22	1	2.71828183	2	2.5	2.666666667

図 3.5　計算結果

誤差の確認　$x=0$ では当然すべての値が 1 になり，誤差はない．その他のセルでは，B 列の真値と少し違った値になっているはずである．誤差の様子を見るため，A〜E 列を選んでグラフを描こう．

一番上の A〜E と書かれた灰色の場所をマウスでドラッグし，五つの列を選択する．挿入メニューから，グラフの種類で「散布図」（直線で点と点を結ぶグラフ）を選ぶと，図 3.6 のようなグラフが表示される．

これが e^x の $x=0$ 付近を近似した曲線のグラフである．1次は $f(x)=1+x$ という x の 1 次式（直線）で，e^x とは $x=\pm 0.5$ 以上に離れると差が大きくなる．3 次近似のグラフは，$x=-0.5\sim 1$ の範囲であればほぼ e^x に近いことがわかる．

それでは，$x=0.5$ における誤差を求めてみよう．適当なセルに，=ABS(C17-B17)/B17 と入力すれば 1 次近似の，=ABS(D17-B17)/B17 と入力すれば 2 次近似の，=ABS(E17-B17)/B17 と入力すれば 3 次近似の，それぞれ誤差が計算できる．ABS( ) は絶対値を計算する関数である．「書式」メニューから「セル」を選び，「表示形式」の「分類」欄で「パーセンテージ」を

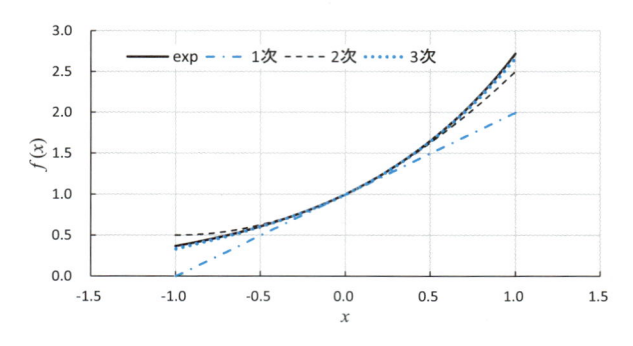

図 3.6　指数関数の近似

選ぶ．小数点以下の桁数を 1 にして「OK」ボタンを押すと，1 次（直線）近似で 9.0%，2 次近似で 1.4%，3 次近似では 0.2% の誤差だとわかる．つまり，3 次の項まで計算すれば，

$$e^{0.5} \fallingdotseq 1 + 0.5 + \frac{(0.5)^2}{2} + \frac{(0.5)^3}{6} \tag{3.10}$$

という簡単な式で計算しても，実用上問題ない．また，$x = 0.1$ であれば，1 次式の $e^{0.1} \fallingdotseq 1 + 0.1 = 1.1$ でも十分な近似値を得ることができる．

例題 3.2　$f(x) = \sin x$ を，$x = 0$ においてテイラー展開せよ．

解　式 (3.1) で $f(x) = \sin x$, $a = 0$ とすればよい．

$f(x) = \sin x$, $f'(x) = \cos x$, $f''(x) = -\sin x$, $f'''(x) = -\cos x$, $f^{(4)}(x) = \sin x, \cdots$ となり，また $x = 0$ でテイラー展開する場合，$\sin 0 = 0, \cos 0 = 1$ となる．x^2 や x^4 など，x の偶数乗の項は $\sin 0 = 0$ があって消えてしまう．したがって，式 (3.1) は次のようになる．

$$f(x) \fallingdotseq x - \frac{1}{6}x^3 + \frac{1}{120}x^5$$

次に，Excel で確認する．まず，B 列に $-\pi \sim \pi$ の x 軸を作る．その準備として A 列に -1〜1 と 0.1 刻みで表示しておき，それに π をかけて B 列を作成すると便利である．A 列は，【例題 3.1】で説明した方法と同じことをしてもよいし，【例題 3.1】で作ったセルをコピーしてきてもよい．

B2 セルに A 列に π をかける式を入力する．円周率 π の計算は PI( ) という関数を使う．C2 セルに B 列の値に対する sin を計算する式を入力する．

入力	A	B	C	D	E	F
1	x	sin		1次	3次	5次
2	-1	=PI()*A2	=SIN(B2)			
3	-0.9					

図 3.7

D2 セルに x の 1 次までの項，E2 セルに x の 3 次までの項，F2 セルに x の 5 次までの項を計算して入力する．なお，数式の x は，Excel の 2 行目では B2 セルに相当することに注意しよう．B2〜F2 セルの式を，B22〜F22 セルにコピーする．結果が得られたら，B〜F 列をグラフ化する（図 3.8）．5 次の項まで考えれば，おおよそ $-\pi/2$〜$\pi/2$ の範囲で近似式が精度よく使えることがわかる．

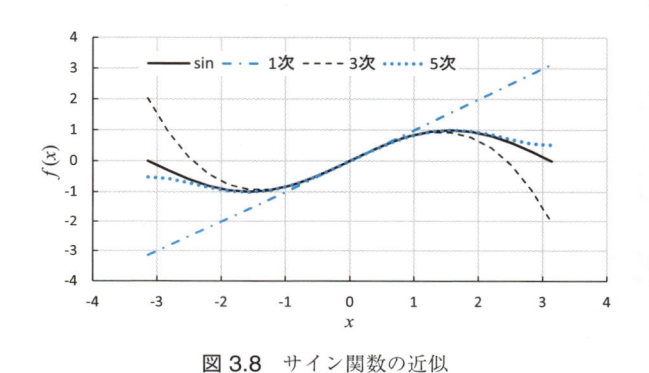

図 3.8　サイン関数の近似

3.2　補　間

何かのデータが飛び飛びに与えられたとき，その間の値がほしい場合がある．データとデータの間の値を補うことを補間という．

3.2.1　線形補間

もっとも簡単な補間は，点と点の間を直線で結ぶことである．これを線形補間という．線形とは，直線的な関係（x の 1 次式で表せる関係）のことであり，工学ではいろいろなところでよく使われる言葉である．それでは，実際に計算しよう．隣り合う

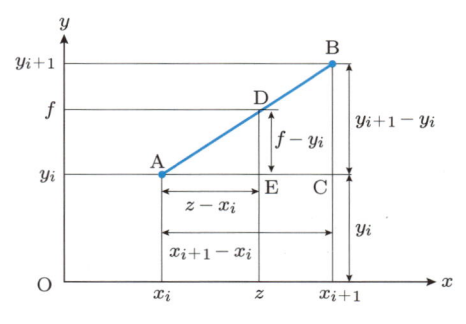

図 3.9　線形補間

x_i, x_{i+1} の間の点を考える．x 座標が z の点の y 座標はどのように計算できるだろうか．図 3.9 を見てほしい．

△ABC と △ADE は相似なので，DE/AE ＝ BC/AC である．この式から DE の長さが求められる．求めたい点の y 座標 f は，DE の長さに y_i を加えれば求められる．

$$f = \frac{y_{i+1} - y_i}{x_{i+1} - x_i}(z - x_i) + y_i \tag{3.11}$$

例題 3.3 $(x_i, y_i) = (0,0), (5,10), (20,-10), (25,5), (40,0)$ の 5 点に対し，各区間を 10 等分した点に対する補間値を求めよ．

解 ■データの入力 まず，点の数と各区間の分割数と元データを入力する．

	A	B	C	D	E
1	点の数	x	元データ	z	補間値
2	5	0	0		
3	分割数	5	10		
4	10	20	-10		
5		25	5		
6		40	0		

図 3.10

この 5 点を通る式 (3.11) の線を計算する．計算が複雑になるので，ここではマクロ（VBA）を使ってプログラムを作成することにする．変数としては，`x(1), x(2), …, x(5)` という形式を使う．これを配列という．`x` という配列の 1 番目，2 番目，…，5 番目の要素に，それぞれ値を覚えさせることができる．`y` も同様である．`x1, x2, …, x5` という配列ではない変数を使ってしまうと，何番目の変数という指定ができない．配列を使うことにより，j 番目の x の値として，`x(j)` という指定をすることができ，繰り返し計算でとくに便利である．配列を使う場合，5 個のデータを使う場合には，

```
Dim x(5)
```

のように，要素の個数を最初に宣言しておく．

■マクロの作成 まず，「表示」メニューの「マクロ」を選ぶ．マクロ名に `linear` と入れる．「作成」ボタンをクリックすると，VBA の編集画面が表示される．z という補間したい x の値に対して，式 (3.6) の f の値を求める．z としては，それぞれの x のデータの間を 10 等分した値を計算する．D 列に z の値，E 列に f の値を出力する．

`Sub〜End Sub` の間に次のように入力する．

3.2 補 間

マクロ 3.1

```
Dim x(5), y(5)                    ◀それぞれ五つの要素をもつ配列を宣言する．

n = [A2]                          ◀点の数を n という変数に代入する．
h = [A4]                          ◀各区間の分割数を h という変数に代入する．

For i = 1 To n                    ◀元データを入力する．
  x(i) = Cells(i + 1, "B")        ◀x は B 列の i+1 行目，つまり 2 行目からはじまる．
  y(i) = Cells(i + 1, "C")        ◀y は C 列．
Next i

row = 2                           ◀データを出力開始する行を指定（2 行目）．
Cells(2, "D") = x(1)              ◀まず，最初の点のデータを出力しておく．
Cells(2, "E") = y(1)              ◀最初の点は $(x_1, y_1)$ になる．

For i = 1 To n-1                  ◀n 個の点の間の n−1 の区間について計算する．
  dx = (x(i + 1) - x(i)) / h      ◀データ間を h 分割し，一つの大きさを dx に記憶．
  For m = 1 To h                  ◀h 分割した点について補間計算をしていく．
    row = row + 1                 ◀出力先の行番号を一つ増やしておく．
    z = Cells(row - 1, "D") + dx  ◀一つ上のセルの値に dx を加えて z を求める．
    f =(y(i+1)-y(i))*(z-x(i))/ _  ◀式 (3.11) で補間．式が長いので 2 行にした．
      (x(i+1)-x(i))+y(i)          ◀前の行の最後にアンダースコア「_」があれば継続．
    Cells(row, "D") = z           ◀計算結果の x 座標を出力する．
    Cells(row, "E") = f           ◀計算結果の y 座標を出力する．
  Next m                          ◀ここまでを m に関して h 回繰り返す．
Next i                            ◀ここまでを i に関して n−1 回繰り返す．
```

式の y_i がプログラムでは y(i) に対応し，y_{i+1} が y(i+1) に，x_i が x(i) に，x_{i+1} が x(i+1) に対応する．かけ算を表す記号「*」は省略できないので注意してほしい．また，row=row+1 という，プログラミングでよく使われる表現に気をつけよう．1 章で説明したように，プログラムの「=」は数学の等号とは違う意味でも使われる．ここでの「=」は，変数への代入を表しており，右辺の計算結果を左辺の変数に代入せよという命令である．くどいようだが，左辺の row と右辺の row+1 の値が等しいという意味ではない．記憶していた row の値に 1 を加え，それを左辺の変数 row に記憶させるという意味である．たとえていえば，row というロッカーから荷物を取り出し，さらに荷物を加えてもう一度ロッカーに預け直すようなイメージである．

マクロの実行 完成したら Excel に戻り，「表示」メニューの「マクロ」を選ぶ．マクロ名から linear を選んで「実行」ボタンを押すと結果が表示される．グラフで確認しよう．C，D 列を選び，「挿入」メニューからグラフの「散布図」を選び，「散布図（マーカーのみ）」のグラフを描く．これに元データを重ねてみる．グラフを右クリック→データの選択→追加ボタンを押す．出てきたウィンドウで，系列名は右端の ▣ マークを押し，C1 セルを選択して Enter キーを押す．系列 X，Y の値は，それぞれ右端の ▣ マークを押し，B2〜B6，C2〜C6

セルを選択して Enter キーを押す．OK ボタンを押してグラフに戻る．図 3.11 のようにちゃんと直線状に補間できていれば完成である．元データを通っていなければ，プログラムか式に間違いがあるので修正してほしい．

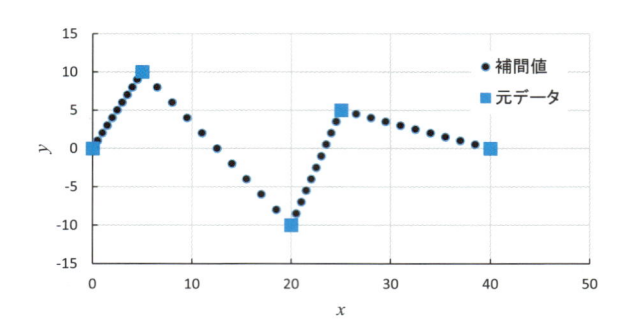

図 3.11　線形補間の結果

3.2.2 ラグランジュ補間

　点と点の間の変化が曲線的である場合，曲線で補間できれば望ましい．2 個の点を通る線を考える場合には直線を考えればよいが，3 個の点すべてを通る曲線を考える場合には，最低 2 次曲線であればよい．4 個なら 3 次曲線，$\cdots$，n 個なら $n-1$ 次曲線を考えればよい．

　一般に，x の関数 y を考えたとき，n 個の点 x_i $(i=1,\cdots,n)$ に対して，すべての y_i を通る $n-1$ 次の多項式は次のように書くことができる．

$$f(x) = \sum_{j=1}^{n} y_j \frac{(x-x_1)(x-x_2)\cdots(x-x_{j-1})(x-x_{j+1})\cdots(x-x_n)}{(x_j-x_1)(x_j-x_2)\cdots(x_j-x_{j-1})(x_j-x_{j+1})\cdots(x_j-x_n)} \quad (3.12)$$

たとえば，$(x_1,y_1),(x_2,y_2),(x_3,y_3)$ の 3 点を通る曲線は，

$$f(x) = \frac{(x-x_2)(x-x_3)}{(x_1-x_2)(x_1-x_3)} y_1 + \frac{(x-x_1)(x-x_3)}{(x_2-x_1)(x_2-x_3)} y_2 + \frac{(x-x_1)(x-x_2)}{(x_3-x_1)(x_3-x_2)} y_3 \quad (3.13)$$

と表される．$x=x_1$ を式 (3.13) に代入すると，

$$f(x_1) = \frac{(x_1-x_2)(x_1-x_3)}{(x_1-x_2)(x_1-x_3)} y_1 + \frac{(x_1-x_1)(x_1-x_3)}{(x_2-x_1)(x_2-x_3)} y_2 + \frac{(x_1-x_1)(x_1-x_2)}{(x_3-x_1)(x_3-x_2)} y_3$$

$$= 1 \times y_1 + 0 \times y_2 + 0 \times y_3 = y_1 \quad (3.14)$$

となり，(x_1, y_1) を通ることがわかる．

$x = x_2$ や $x = x_3$ を代入しても同様に，それぞれ y_2 や y_3 の係数だけが 1 になってほかが 0 になり，(x_2, y_2), (x_3, y_3) を通ることが確認できる．この式 (3.12) を，ラグランジュの補間公式という．イタリアで生まれフランスで活躍した数学者 Joseph-Louis Lagrange（1736–1813）の名前に由来する．

それでは，線形補間で使った 5 点のデータを使ってラグランジュ補間をしてみよう．

> **例題 3.4** 【例題 3.3】と同じデータに対し，各区間 10 等分した補間値をラグランジュ補間で求めよ．

解 **■問題の整理** 先ほどの線形補間のプログラムをほとんど利用して，ラグランジュ補間のプログラムを作ることができる．まず，線形補間のシートをコピーする．シートの下のタブを右クリックし，「シートの移動またはコピー」を選ぶ．出てきたメニューの一番下にある「コピーを作成する」にチェックを入れて，OK ボタンを押すとコピーされる．

$y_1 \sim y_5$ に関する係数をそれぞれ計算して足し合わせていくことにする．一般化して考えると，j 番目の項 y_j に関する係数は，補間して値を求めたい x の値 z に対して，$(z - x_k)/(x_j - x_k)$ を順番にかけていけばよい．ただし，$j \neq k$ でなければならない．

プログラムの方針としては，For～Next の繰り返し文を使い，j を 1～5 に変化させて各項 y_j に関する係数を計算する．係数を計算する場合も For～Next の繰り返し文を使い，k を 1～5 に変化させて $j \neq k$ の場合に $(z - x_k)/(x_j - x_k)$ をかけていくことにする．

■基本的なアルゴリズム 繰り返して数を足したりかけたりする場合，プログラムの常套手段としては次のような手法がある．

- 足し算：変数 f に初期値として 0 を入れておく．それに For～Next で繰り返し，値を足していく．

    ```
    f=0
    For j=1 To 5
      f=f+x(j)
    Next j
    ```

- かけ算：変数 p に初期値として 1 を入れておく．それに For～Next で繰り返し，値をかけていく．

    ```
    p=1
    For j=1 To 5
      p=p*x(j)
    Next j
    ```

ここでも，f=f+x(j) や p=p*x(j) の「=」が，等号ではなく代入を意味していることに注意

しよう.

マクロの作成　以上の方針でプログラムを作ると，次のようになる．「表示」メニューの「マクロ」を選ぶ．マクロ名に `lagrange` と入れる．「作成」ボタンをクリックすると，VBA の編集画面が表示される．プログラムの前半は，線形補間とまったく同じである．

マクロ 3.2

```
Dim x(5), y(5)

n = [A2]
h = [A4]

For i = 1 To n
    x(i) = Cells(i + 1, "B")
    y(i) = Cells(i + 1, "C")
Next i

row = 2
Cells(2, "D") = x(1)
Cells(2, "E") = y(1)
For i = 1 To n-1
  dx = (x(i + 1) - x(i)) / h
  For m = 1 To h
   row = row + 1
    z = Cells(row - 1, "D") + dx
    f = 0
    For j = 1 To n
      p = 1
      For k = 1 To n
       If  j <> k Then
        p = p * (z - x(k)) / (x(j) - x(k))
       End If
      Next k
      f = f + y(j) * p
    Next j
    Cells(row, "D") = z
    Cells(row, "E") = f
  Next m
Next i
```

◀ここまでは線形補間と同じ．
◀式 (3.12) の各項を足し算する準備．
◀式 (3.12) の，各 j の項について計算．
◀y_j の係数を求めるかけ算をする準備．
◀x_1～x_5 について繰り返す For 文．
◀$j \neq k$ のときだけかけ算．$\neq$ は「<>」で表される．
◀y_j の係数を求めるかけ算．

◀ここまでを，x_1～x_5 について繰り返す．
◀係数 p を y_j にかけて f に加える．

◀計算結果を出力する．

Excel に戻り，「表示」メニューの「マクロ」を選ぶ．マクロ名から `lagrange` を選んで「実行」ボタンを押すと，D, E 列に補間された値が出力されるはずである．結果をグラフで確認する．

グラフの表示　D, E 列を選び，「挿入」メニューからグラフの「散布図」を選び，「散布図（マーカーのみ）」のグラフを描く．これに元データを重ねてみよう．グラフを右クリック

→データの選択→追加ボタンを押す．系列名は右端の ▦ マークを押し C1 セルを選択して Enter キー，系列 X の値は右端の ▦ マークを押し B2〜B6 セルを選択して Enter キー，系列 Y の値は ▦ マークを押し C2〜C6 セルを選択して Enter キー，OK ボタンを押してグラフに戻る．元データを通るような曲線状の補間値が得られていることが確認できる（図 3.12）．

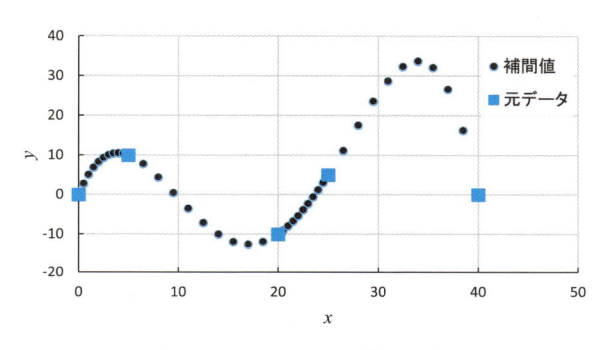

図 3.12 ラグランジュ補間の結果

この方法では全体を一つの曲線で表すため，通らなければならない点が多くなれば不安定になることがある．図 3.12 でも，右端のほうで大きくうねった曲線になってしまっている．これをルンゲ現象（Carl Runge，ドイツ，1856–1927）という．もし，このデータが冬の気温変化を表しているとすれば，グラフ右端の補間値は 30℃ にもなり，明らかにおかしいことになる．せっかく曲線で補間したとしても，それが正しいかどうかは，データの性質を考えたうえで判断すべきである．直線で簡易に補間したほうがよい場合もあり，どのような補間をすべきか工学的な判断が必要になる．

また，補間という名前から明らかなように，与えられた点と点の間でしか，得られた式を使ってはならない．図 3.12 であれば，$x = 0 \sim 40$ の間でしか式 (3.11) を使ってはならないのである．得られた式に $x = 50$ を入れれば f の値は計算できるが，それは意味のない数字である．なぜなら，得られたデータの範囲外では条件が異なるかもしれず，得られたデータと同じ振る舞いをする保障がないからである．そういった外挿と呼ばれる推定は，工学的にとても危険である．たとえば，夏 7〜9 月の気温データをもとに，冬 1 月の気温を推定するようなものである．

3.2.3 スプライン補間

線形補間もラグランジュ補間も，それぞれ長所と短所があった．線形補間と同じように各区間で別の補間曲線を考え，しかもラグランジュ補間のように隣り合った曲線が連続的になるような補間法として，スプライン補間という方法がある．この方法で

は，補間した点における微分係数も求めることができ，数値微分法としても利用できる．区間ごとに3次関数を与え，曲線と曲線が交わる点で，2次の導関数まで一致するように係数を決める方法（3次スプライン補間）がよく用いられる．

ここでは，3次スプライン関数を使った補間について，考え方の概略を説明する．(x, y) というデータが，n 個あったとし，これを (x_i, y_i) $(i = 1, 2, \cdots, n)$ とする．そして，$(x_i, y_i), (x_{i+1}, y_{i+1})$ の間をつなぐ関数を $f_i(x)$ とおく．この関数が与えられたデータを通るためには，

$$f_i(x_i) = y_i \tag{3.15}$$

でなければならない．また，隣の関数と連続しているためには，

$$f_i(x_i) = f_{i-1}(x_i) \tag{3.16}$$

が成り立つことが必要である．さらに，隣の関数と滑らかにつながるための条件として，2次の導関数までが同じ値をとることを仮定する．つまり，次式が成り立つ必要がある．

$$f_i'(x_i) = f_{i-1}'(x_i) \tag{3.17}$$

$$f_i''(x_i) = f_{i-1}''(x_i) \tag{3.18}$$

これらの式を使い，さらに両端の点における導関数の値を適当に定めれば，スプライン関数 $f_i(x)$ を決定することができる．両端の点における2次導関数を0とする関数を，3次自然スプライン関数という．つまり，$f_1(x) \sim f_{n-1}(x)$ の $n-1$ 本の曲線を考えた場合，両端での条件として次式が追加される．

$$f_1''(x_1) = f_{n-1}''(x_n) = 0 \tag{3.19}$$

それでは，具体的に求めていこう．$x_i \sim x_{i+1}$ の区間に対する3次自然スプライン関数 $f_i(x)$ を，

$$f_i(x) = c_0 + c_1(x - x_i) + c_2(x - x_i)^2 + c_3(x - x_i)^3 \tag{3.20}$$

と表すことにし，係数 $c_0 \sim c_3$ を決めていく．x で微分すると，1次と2次の導関数は次式になる．

$$f_i'(x) = c_1 + 2c_2(x - x_i) + 3c_3(x - x_i)^2 \tag{3.21}$$

$$f_i''(x) = 2c_2 + 6c_3(x - x_i) \tag{3.22}$$

ここで，式 (3.16)，(3.19) の条件を使う．式の中で x の区間の長さ $x_{i+1} - x_i$ が何度も出てくるので，

$$x_{i+1} - x_i \equiv h_i \tag{3.23}$$

とおくと，次式が導かれる．

$$f_i(x_i) = c_0 = y_i \tag{3.24}$$

$$f_i(x_{i+1}) = c_0 + c_1 h_i + c_2 h_i^2 + c_3 h_i^3 = y_{i+1} \tag{3.25}$$

$$f_i''(x_i) = 2c_2 = y_i'' \tag{3.26}$$

$$f_i''(x_{i+1}) = 2c_2 + 6c_3 h_i = y_{i+1}'' \tag{3.27}$$

したがって，係数 $c_0 \sim c_3$ は次のように表される．

$$c_0 = y_i \tag{3.28}$$

$$c_1 = \frac{y_{i+1} - y_i}{h_i} - \left(\frac{y_i''}{3} + \frac{y_{i+1}''}{6}\right) h_i \tag{3.29}$$

$$c_2 = \frac{y_i''}{2} \tag{3.30}$$

$$c_3 = \frac{y_{i+1}'' - y_i''}{6 h_i} \tag{3.31}$$

あとは，1 次導関数の値に関する式 (3.17) の条件を使えばよい．式 (3.20) の係数として式 (3.28)〜(3.31) を代入し，式 (3.17) の条件を表すと，次のようになる（途中の式変形は省略）．

$$h_i y_i'' + 2(h_i + h_{i+1}) y_{i+1}'' + h_{i+1} y_{i+2}'' = 6 \left(\frac{y_{i+2} - y_{i+1}}{h_{i+1}} - \frac{y_{i+1} - y_i}{h_i}\right) \tag{3.32}$$

左辺の係数と右辺の値はすべて既知である．両端での 2 次導関数が 0 という式 (3.19) を使うと，$y_2'' \sim y_{n-1}''$ に関する $n-2$ 個の連立方程式になる．その連立方程式を解けば $y_2'' \sim y_{n-1}''$ が求められ，それを式 (3.28)〜(3.31) に代入して係数 $c_0 \sim c_3$ を計算すれば，式 (3.20) の 3 次スプライン関数を求めることができる．連立方程式の解き方は 8 章で説明するので，この章ではここまでの説明とする．

ラグランジュ補間で用いたのと同じデータを，3 次スプライン補間したグラフを図 3.13 に示す．ラグランジュ補間（図 3.12）のように右端で大きくなりすぎることもな

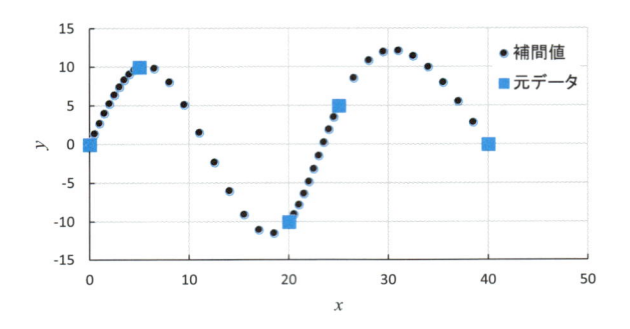

図 3.13　スプライン補間の結果

く，きれいに補間されていることがわかる．

演習問題

3.1 $f(x) = \ln x$ を $x = 1$ に関して x の 3 次の項までテイラー展開せよ．

3.2 $f(x) = \tan x$ を $x = 0$ に関して x の 1 次の項までテイラー展開せよ．

3.3 $f(x) = 1 + \cos 2x$ を $x = 0$ に関して x の 2 次の項までテイラー展開せよ．

3.4 テイラー展開を利用して，100004^{30} の近似値を計算せよ．

3.5 $f(x) = \sin x$ を $x = 0$ のまわりでテイラー展開し，$f(x) \simeq x - x^3/6$ と近似した場合，$x = \pi/4$ における誤差は何 % かを求めよ．

3.6 補間するデータとして 2 点のみが与えられたとき，線形補間の式と，ラグランジュ補間の式が同じになることを示せ．

3.7 $(-2, 0)$, $(0, 2)$, $(2, 1)$ の 3 点が与えられたとき，$x = -1, 1$ における値を，線形補間とラグランジュ補間で推定せよ．

3.8 $(-2, 0)$, $(0, 2)$, $(2, 1)$, $(3, 0)$ の 4 点が与えられたとき，$x = -1, 1$ における値を，線形補間とラグランジュ補間で推定せよ．

3.9 次の 3 点の間を補間し，$x = 0, 1, 2, \cdots, 10$ における値を，以下のそれぞれの方法で推定せよ．

$$(x, y) = (0, 3), (3, 0), (10, 7)$$

　(1) 線形補間　　(2) ラグランジュ補間

3.10 次の 4 点の間を補間し，$x = 0, 1, 2, \cdots, 10$ における値を，以下のそれぞれの方法で推定せよ．

$$(x, y) = (0, 3), (3, 0), (6, 5), (10, 7)$$

　(1) 線形補間　　(2) ラグランジュ補間

| Column | Excel の関数 |

　Excel の関数はすべて「関数名（引数）」という形式をしている．**引数**とは，関数に対して指定する値やセル番地などのことである．たとえば，5 の階乗を計算するには，`FACT(5)` とするし，A1 セルから A3 セルまでの合計を計算するには `SUM(A1:A3)` とする．この場合の `FACT` 関数に指定した「5」や，`SUM` 関数に指定した「`A1:A3`」が引数である．

　一方，Excel の関数には引数を必要としない関数もある．この章で登場した円周率を求める `PI` 関数や，10 章で登場する乱数を発生させる `RAND` 関数などである．これらの関数も，形式を統一するため，`PI( )` や `RAND( )` のようにカッコを付け，引数に何も指定しないことになっている．名前のすぐ後ろにカッコが付いていれば関数だとすぐわかることが，人にとってもコンピュータにとっても重要なのである．

4 微分と積分

微分と積分は，工学のさまざまな分野で基礎となっている．関数を代数的に微分あるいは積分するには，関数が数式で表されていなければならない．しかし，計測された実験データから変化率や総和を計算したい場合など，必ずしも関数の式がわからないことが多い．ここでは，数値的に微分や積分を行う方法について説明する．

4.1 数値微分

与えられたデジタルデータを使って数値的に微分する方法について，まずテイラー展開（3.1 節）を利用した式変形について説明する．

4.1.1 差分近似

関数 $f(x)$ の変化率 $f'(x)$ が微分である．

$$f'(x) = \frac{df(x)}{dx} = \lim_{h \to 0} \frac{f(x+h) - f(x)}{h} \tag{4.1}$$

これに対して，変化率の代わりに関数の差を使って近似することを，差分近似という．つまり，式 (4.1) の極限をとらないで近似する考え方である．横軸を x として $y = f(x)$ のグラフを図 4.1 のように描くと，点 P における微分値 $f'(x)$ は接線の傾きになる．

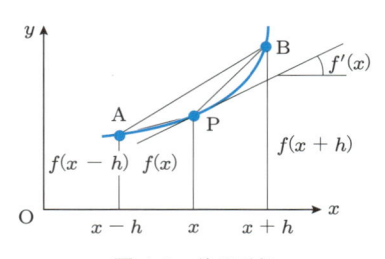

図 4.1　差分近似

まず，ある値 x のまわりのテイラー展開を考える．微小量 h を考え，$x+h, x-h$ における関数 f の値を，$f(x)$ を用いてテイラー展開で表すと，それぞれ次式となる．

$$f(x+h) = f(x) + h\frac{df(x)}{dx} + \frac{1}{2}h^2\frac{d^2f(x)}{dx^2} + \frac{1}{6}h^3\frac{d^3f(x)}{dx^3} + \cdots \tag{4.2}$$

$$f(x-h) = f(x) - h\frac{df(x)}{dx} + \frac{1}{2}h^2\frac{d^2f(x)}{dx^2} - \frac{1}{6}h^3\frac{d^3f(x)}{dx^3} + \cdots \tag{4.3}$$

式 (4.2), (4.3) の差をとれば,

$$f(x+h) - f(x-h) = 2h\frac{df(x)}{dx} + \frac{h^3}{3}\frac{d^3f(x)}{dx^3} + \cdots$$

となり, 式変形すれば,

$$\frac{df(x)}{dx} = \frac{f(x+h) - f(x-h)}{2h} + O(h^2) \tag{4.4}$$

と表される. これを中央差分という. $O(h^2)$ は h^2 程度の誤差があることを表し, h^2 のオーダーと呼ぶ. 式 (4.4) のように, 中央差分では図 4.1 の点 P における接線を, 弦 AB の傾きで近似することになる. 十分小さな h を考えれば, 差分近似は実用的な微分法である.

また, 点 P における傾きを, 図 4.1 の弦 AP の傾きで近似する表現を, 後退差分という. 式 (4.3) を変形すると,

$$f(x) - f(x-h) = h\frac{df(x)}{dx} - \frac{h^2}{2}\frac{d^2f(x)}{dx^2} + \cdots \tag{4.5}$$

となり, 式変形すれば次式が得られる.

$$\frac{df(x)}{dx} = \frac{f(x) - f(x-h)}{h} + O(h) \tag{4.6}$$

同様に, 図 4.1 の弦 PB の傾きで近似する表現を, 前進差分という. 式 (4.2) を変形すると, 次のようになる.

$$f(x+h) - f(x) = h\frac{df(x)}{dx} + \frac{h^2}{2}\frac{d^2f(x)}{dx^2} + \cdots \tag{4.7}$$

$$\therefore \frac{df(x)}{dx} = \frac{f(x+h) - f(x)}{h} + O(h) \tag{4.8}$$

式 (4.6), (4.8) では, 式 (4.2), (4.3) の h^2 以上の項を無視しているため, 誤差のオーダーは h である.

次に, 式 (4.7), (4.5) の差をとれば,

$$h^2\frac{d^2f(x)}{dx^2} = f(x-h) - 2f(x) + f(x+h) + \cdots$$

$$\therefore \frac{d^2f(x)}{dx^2} = \frac{f(x-h) - 2f(x) + f(x+h)}{h^2} + O(h^3) \tag{4.9}$$

となる. これは, 2 階微分の中央差分表現である. 同様にして, さらに高次の導関数も差分近似によって求めることができる.

それでは，これらの差分はどう使い分ければよいだろう．$x+h, x-h$ における値が両方得られる場合には，精度のよい中央差分を使えばよい．しかし，$x+h$ もしくは $x-h$ のどちらか片側しか値が得られない場合には，前進差分もしくは後退差分を用いることになる．たとえば，f が時間の関数で，現在の値 $f(t)$ と過去の値 $f(t-h)$ しか得られず，未来の値 $f(t+h)$ が得られない場合には，後退差分を用いざるを得ない．

差分では，離散間隔 h を十分小さくすることが重要である．ただし，h を小さくすると分子が 0 に近くなって桁落ち誤差が生じやすいため，どれだけ小さな h を使っても，誤差には注意しなければならない．

例題 4.1　$f(x)=\sin x$ の $x=-\pi\sim\pi$ を 20 等分した x における微分値を求めよ．

解　**理論値の入力**　理論値は $f'(x)=\cos x$ である．差分近似でどの程度の誤差があるのかを確認しよう．B 列に $-\pi\sim\pi$ の x 軸を作ることにする．その準備として A 列に `-1`～`1` と 0.1 刻みで表示しておき，それに π をかけて B 列を作成する．まず，A2, A3 セルに `-1`, `-0.9` を入力し，A2, A3 セルの二つをマウスでドラッグして選択する．A3 セル右下に現れる黒い小さな四角（ハンドル）をマウスで押したまま，A22 セルまで下ろしていくと，A 列に `-1`～`1` と 0.1 刻みの数字が入力される．

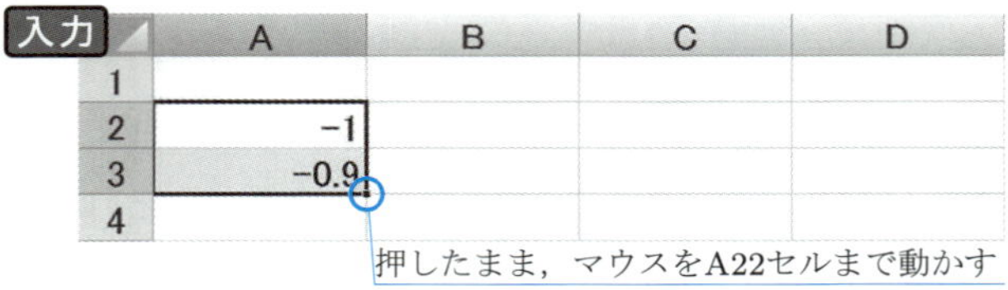

図 4.2

B2 セルに A 列に π をかける式を，C2 セルに $f(x)$ として B 列の値に対する sin を計算する式を，D2 セルに $f'(x)$ の理論値として cos を計算する式を入力する．B1～D1 セルには，軸の説明を入力しておく．

入力	A	B	C	D
1		x	f(x)	cos x
2	-1	=PI()*A2	=SIN(B2)	=COS(B2)
3	-0.9			

図 4.3

次に，B2～D2 セルを選択し，22 行目までコピーする．列の幅によって表示される桁数が違うが，たとえば次の表のようになる．なお，この例で C2 セルや C22 セルにある `E-16` は 10^{-16} を意味するものなので，これらのセルはいずれも 0 とみなしてよい（セル幅によっては，微小な負の数を意味する `-0` が表示されることもある）．

4.1 数値微分

結果

	A	B	C	D
1	x	f(x)	cos x	
2	-1	-3.1415927	-1.225E-16	-1
3	-0.9	-2.8274334	-0.309017	-0.9510565
⋮				
22	1	3.14159265	1.2251E-16	-1

図 4.4

数値微分の計算 E 列に，数値微分の式を入力する．まず，E1 セルに列の説明を入力しておく．関数の範囲の両端では中央差分が使えないので，E2 セルは前進差分，E22 セルは後退差分の式を使う．E3〜E21 セルには中央差分の式を入力する（E3 セルに入力して，E21 セルまでコピーすればよい）．

入力

	E
1	f'(x)
2	=(C3-C2)/(B3-B2)
3	=(C4-C2)/2/(B3-B2)
⋮	
22	=(C22-C21)/(B22-B21)

図 4.5

結果

	A	B	C	D	E
1	x	f(x)	cos x		f'(x)
2	-1	-3.1415927	-1.225E-16	-1	-0.983631643
3	-0.9	-2.8274334	-0.309017	-0.9510565	-0.935489284
4	-0.8	-2.5132741	-0.5877853	-0.809017	-0.795774715
5	-0.7	-2.1991149	-0.809017	-0.5877853	-0.578164173
6	-0.6	-1.8849556	-0.9510565	-0.309017	-0.303958894
7	-0.5	-1.5707963	-1	6.1257E-17	1.76697E-16
8	-0.4	-1.2566371	-0.9510565	0.30901699	0.303958894
9	-0.3	-0.9424778	-0.809017	0.58778525	0.578164173
10	-0.2	-0.6283185	-0.5877853	0.80901699	0.795774715
11	-0.1	-0.3141593	-0.309017	0.95105652	0.935489284
12	0	0	0	1	0.983631643
13	0.1	0.31415927	0.30901699	0.95105652	0.935489284
14	0.2	0.62831853	0.58778525	0.80901699	0.795774715
15	0.3	0.9424778	0.80901699	0.58778525	0.578164173
16	0.4	1.25663706	0.95105652	0.30901699	0.303958894
17	0.5	1.57079633	1	6.1257E-17	1.76697E-16
18	0.6	1.88495559	0.95105652	-0.309017	-0.303958894
19	0.7	2.19911486	0.80901699	-0.5877853	-0.578164173
20	0.8	2.51327412	0.58778525	-0.809017	-0.795774715
21	0.9	2.82743339	0.30901699	-0.9510565	-0.935489284
22	1	3.14159265	1.2251E-16	-1	-0.983631643

図 4.6

結果の比較 B, D, E 列を選んでグラフにしよう．表の一番上の B, D, E という文字を，Ctrl キーを押しながら順番にマウスでクリックすると，連続していない複数の列を選択することができる．挿入メニューのグラフで，散布図を選んでグラフ化する．理論値の $\cos x$ という曲線と，数値解の $f'(x)$ という曲線が，図 4.7 のようにほぼ重なっていることがわかる．

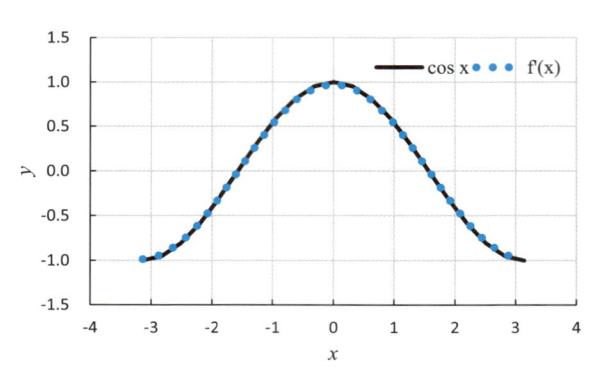

図 4.7　理論値と数値解の比較

4.1.2　3 点微分公式と 5 点微分公式

数値微分には，いくつかの公式が存在する．いずれもテイラー展開を使った差分近似がもとになっている．

3 点微分公式は，x 軸方向に等間隔（間隔を h とする）に並んだ $1 \sim n$ の各点の値 $y_1, y_2, \cdots, y_n$ に対して，隣り合う 3 点を使って次のように考える．

まず，y_1 に対して，y_2 と y_3 をテイラー展開で表現する．y_1 の 1 回微分を $y_1{}'$，y_1 の 2 回微分を $y_1{}''$ で表す．

$$y_2 = y_1 + h y_1{}' + \frac{1}{2} h^2 y_1{}'' + \cdots \tag{4.10}$$

$$y_3 = y_1 + 2h y_1{}' + \frac{1}{2}(2h)^2 y_1{}'' + \cdots \tag{4.11}$$

式 (4.10), (4.11) から，$y_1{}''$ を消すことを考え，式 (4.10) を 4 倍して式 (4.11) を引く．

$$y_1{}' = \frac{-3y_1 + 4y_2 - y_3}{2h} + O(h^2) \tag{4.12}$$

$y = 2, 3, \cdots, n-1$ に対しては，式 (4.4) の中央差分と同じ考え方で式変形を行う．

$$y_{i-1} = y_i - h y_i{}' + \frac{1}{2} h^2 y_i{}'' - \cdots \tag{4.13}$$

$$y_{i+1} = y_i + h y_i{}' + \frac{1}{2} h^2 y_i{}'' + \cdots \tag{4.14}$$

式 (4.14) から式 (4.13) を引いて，次式が得られる．

$$y_i' = \frac{-y_{i-1} + y_{i+1}}{2h} + O(h^2) \quad (i = 2, 3, \cdots, n-1) \tag{4.15}$$

最後に，$i = n$ に関しては，y_1 と同様に考える．

$$y_{n-1} = y_n - hy_n' + \frac{1}{2}h^2 y_n'' - \cdots \tag{4.16}$$

$$y_{n-2} = y_n + 2hy_n' + \frac{1}{2}(2h)^2 y_n'' + \cdots \tag{4.17}$$

式 (4.17) から，式 (4.16) の 4 倍を引いて次式を得る．

$$y_n' = \frac{y_{n-2} - 4y_{n-1} + 3y_n}{2h} + O(h^2) \tag{4.18}$$

以上，式 (4.12)，(4.15)，(4.18) をまとめて，3 点微分公式という．

$$y_1' = \frac{-3y_1 + 4y_2 - y_3}{2h} + O(h^2) \tag{4.12 再掲}$$

$$y_i' = \frac{-y_{i-1} + y_{i+1}}{2h} + O(h^2) \quad (i = 2, 3, \cdots, n-1) \tag{4.15 再掲}$$

$$y_n' = \frac{y_{n-2} - 4y_{n-1} + 3y_n}{2h} + O(h^2) \tag{4.18 再掲}$$

誤差は中央差分と同じく $O(h^2)$ である．

これに対して，5 点微分公式は隣り合う 5 点を使う．y_i を使ったテイラー展開を y_{i-2} 〜y_{i+2} まで考え，y_1'' と y_i''' を消すことにより，誤差を $O(h^4)$ にすることができる．

$$y_{i-2} = y_i - 2hy_i' + \frac{1}{2}(2h)^2 y_i'' - \frac{1}{6}(2h)^3 y_i''' + \cdots \tag{4.19}$$

$$y_{i-1} = y_i - hy_i' + \frac{1}{2}h^2 y_i'' - \frac{1}{6}h^3 y_i''' \cdots \tag{4.20}$$

$$y_{i+1} = y_i + hy_i' + \frac{1}{2}h^2 y_i'' + \frac{1}{6}h^3 y_i''' \cdots \tag{4.21}$$

$$y_{i+2} = y_i + 2hy_i' + \frac{1}{2}(2h)^2 y_i'' + \frac{1}{6}(2h)^3 y_i''' + \cdots \tag{4.22}$$

式 (4.19) − 式 (4.20) × 8 より，

$$y_{i-2} - 8y_{i-1} = -7y_i + 6hy_i' - 2h^2 y_i'' + \frac{h^4}{3} y_i'''' + O(h^5)$$

$$(i = 3, 4, \cdots, n-2) \tag{4.23}$$

式 (4.21) × 8 − 式 (4.22) より,

$$-y_{i+2}+8y_{i+1} = 7y_i+6hy_i'+2h^2y_i''-\frac{h^4}{3}y_i''''+O(h^5) \quad (i=3,4,\cdots,n-2) \tag{4.24}$$

式 (4.23) + 式 (4.24) より,

$$y_i' = \frac{y_{i-2}-8y_{i-1}+8y_{i+1}-y_{i+2}}{12h}+O(h^4) \quad (i=3,4,\cdots,n-2) \tag{4.25}$$

y_1, y_2, y_{n-1}, y_n に対しては, y_i'' と y_i''' を消すことを考えて次のようになる.

$$y_1' = \frac{-11y_1+18y_2-9y_3+2y_4}{6h}+O(h^4) \tag{4.26}$$

$$y_2' = \frac{-2y_1-3y_2+6y_3-y_4}{6h}+O(h^4) \tag{4.27}$$

$$y_{n-1}' = \frac{y_{n-3}-6y_{n-2}+3y_{n-1}+2y_n}{6h}+O(h^4) \tag{4.28}$$

$$y_n' = \frac{-2y_{n-3}+9y_{n-2}-18y_{n-1}+11y_n}{6h}+O(h^4) \tag{4.29}$$

例題 4.2 自然対数 $f(x)=\ln x$ の $x=1$ における微分値を求めよ. $h=0.1, 0.01, 0.001, 0.0001, 0.00001, 0.000001$ の場合について, 3点微分公式と5点微分公式を用い, それぞれ理論値との誤差を比較せよ.

解 理論値は, $f'(x)=1/x$ なので $f'(1)=1$ である. 1の前後3点もしくは5点の関数値があれば計算できるので, 次のような表を作る. 自然対数を計算する Excel の関数は, `LN( )` である (ちなみに常用対数の場合は `LOG( )` を使用する). A2 セルに入力する h の値を, 0.1, 0.01, 0.001, 0.0001, 0.00001, 0.000001 と変化させ, D7, E7 セルに表示される誤差を見ていこう. 誤差は, 理論値1との差の絶対値で表現している.

	A	B	C	D	E
1	h	x	f(x)	3点公式	5点公式
2	0.1	=1-A2*2	=LN(B2)		
3		=1-A2			
4		1	上のセルをコピーする	=(C5-C3)/2/A2	=(C2-8*C3+8*C5-C6)/12/A2
5		=1+A2			
6		=1+A2*2			
7	誤差			=ABS(D4-1)	=ABS(E4-1)

図 4.8

結果

	A	B	C	D	E
1	h	x	f(x)	3点公式	5点公式
2	0.1	0.8	-0.22314		
3		0.9	-0.10536		
4		1	0	1.003353	0.999917
5		1.1	0.09531		
6		1.2	0.182322		
7	誤差			3.E-03	8E-05

	A	B	C	D	E
1	h	x	f(x)	3点公式	5点公式
2	0.01	0.98	-0.0202		
3		0.99	-0.01005		
4		1	0	1.000033	1
5		1.01	0.00995		
6		1.02	0.019803		
7	誤差			3.E-05	8E-09

	A	B	C	D	E
1	h	x	f(x)	3点公式	5点公式
2	0.001	0.998	-0.002		
3		0.999	-0.001		
4		1	0	1	1
5		1.001	0.001		
6		1.002	0.001998		
7	誤差			3.E-07	9E-13

	A	B	C	D	E
1	h	x	f(x)	3点公式	5点公式
2	0.0001	0.9998	-0.0002		
3		0.9999	-0.0001		
4		1	0	1	1
5		1.0001	1E-04		
6		1.0002	0.0002		
7	誤差			3.E-09	1E-13

	A	B	C	D	E
1	h	x	f(x)	3点公式	5点公式
2	0.00001	0.99998	-2E-05		
3		0.99999	-1E-05		
4		1	0	1	1
5		1.00001	1E-05		
6		1.00002	2E-05		
7	誤差			3.E-11	2E-12

	A	B	C	D	E
1	h	x	f(x)	3点公式	5点公式
2	0.000001	0.999998	-2E-06		
3		0.999999	-1E-06		
4		1	0	1	1
5		1.000001	1E-06		
6		1.000002	2E-06		
7	誤差			3.E-11	4E-11

図 4.9

誤差は，h が $10^{-1} \to 10^{-2} \to 10^{-3} \to 10^{-4} \to 10^{-5} \to 10^{-6}$ と小さくなるにつれ，3点微分公式では $3 \times 10^{-3} \to 3 \times 10^{-5} \to 3 \times 10^{-7} \to 3 \times 10^{-9} \to 3 \times 10^{-11} \to 3 \times 10^{-11}$，5点微分公式では $8 \times 10^{-5} \to 8 \times 10^{-9} \to 9 \times 10^{-13} \to 1 \times 10^{-13} \to 2 \times 10^{-12} \to 4 \times 10^{-11}$ と変化する．5点微分公式のほうが精度がよいこと，ある程度 h が小さいほうが精度がよいこと，そして h を小さくして精度を上げるには限界があることがわかる．h が 10^{-6} になると，3点微分公式では 10^{-5} の場合と比べて精度は変わらない．5点微分公式では h が 10^{-3} の場合よりかえって精度が落ちている．

4.1.3 偏微分

複数の変数によって表される関数の，ある一つ変数に関する微分を偏微分という．たとえば，図 4.10 のようなグラフの一番高い点を求める場合，まず z を x で微分し

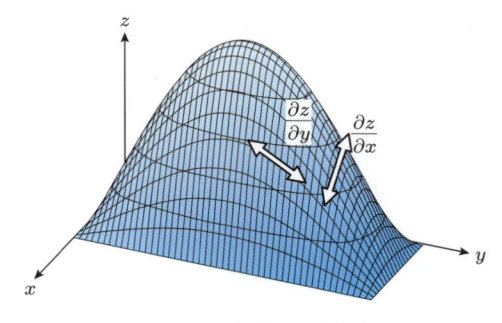

図 4.10 偏微分の考え方

て，x 方向の傾きが 0 になるところを求める．そのとき，y は定数だと考えて微分する．これが偏微分である．x で偏微分した答えは y の関数になる．さらに，これを y で偏微分して，傾きが 0 になる点を求めると，一番高い点を求めることができる．

例題 4.3 $z = x\sin y + xy^2 - 3y$ のとき，以下の偏微分を求めよ．

(1) $\partial z/\partial x$ (2) $\partial z/\partial y$ (3) $\partial^2 z/(\partial x \partial y)$ (4) $\partial^2 z/\partial x^2$

解 ∂ は「ラウンド」と読む．

$$\frac{\partial^2 z}{\partial x \partial y} = \frac{\partial}{\partial y}\left(\frac{\partial z}{\partial x}\right) = \frac{\partial}{\partial x}\left(\frac{\partial z}{\partial y}\right)$$

であり，x と y で順番に偏微分すればよい．

(1) $\dfrac{\partial z}{\partial x} = \sin y + y^2$ (2) $\dfrac{\partial z}{\partial y} = x\cos y + 2xy - 3$ (3) $\dfrac{\partial^2 z}{\partial x \partial y} = \cos y + 2y$

(4) $\dfrac{\partial^2 z}{\partial x^2} = 0$

例題 4.4 $z = x^2 y^2 - 4xy^2 - 6x^2 y + 24xy$ のとき，以下の偏微分を求めるとともに，Excel のグラフで関数形を確認せよ．

(1) $\partial z/\partial x$ (2) $\partial z/\partial y$

解 次のような表を作成する．

1 行目の B 列から右へ y 軸の値，1, 2, 3, $\cdots$, 7 まで（H 列）を入力する．
A 列の 2 行目から下へ x 軸の値，0, 0.5, 1, 1.5, $\cdots$, 3 まで（8 行目）を入力する．
B2 セルに，$z = x^2 y^2 - 4xy^2 - 6x^2 y + 24xy$ を入力する．x に対して `$A2` を，y に対して `B$1` を使う．

入力	A	B	C
1		1	2
2	0	=$A2^2*B$1^2-4*$A2*B$1^2-6*$A2^2*B$1+24*$A2*B$1	
3	0.5		
4	1		

図 4.11

次に，B2 セルを H2 セルまで右へコピーする．さらに，B2〜H2 セルの内容を，8 行目までコピーする．

4.1 数値微分

結果	A	B	C	D	E	F	G	H
1		1	2	3	4	5	6	7
2	0	0	0	0	0	0	0	0
3	0.5	8.75	14	15.75	14	8.75	0	−12.25
4	1	15	24	27	24	15	0	−21
5	1.5	18.75	30	33.75	30	18.75	0	−26.25
6	2	20	32	36	32	20	0	−28
7	2.5	18.75	30	33.75	30	18.75	0	−26.25
8	3	15	24	27	24	15	0	−21

図 4.12

これで表が完成したので，グラフを描こう．B2〜H8 セルを選び，「挿入」メニューから「その他のグラフ（株価・等高線・レーダー）」を選ぶ．図 4.13 のように，グラフの種類を「等高線」の中の「3-D 等高線」とする．

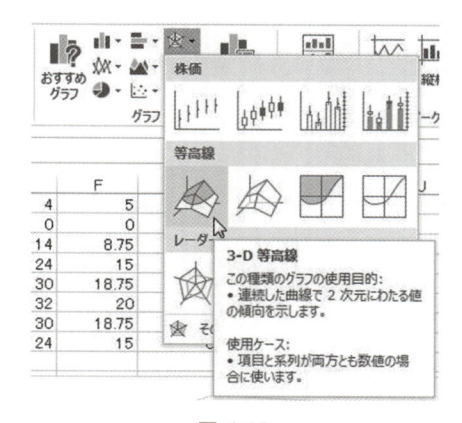

図 4.13

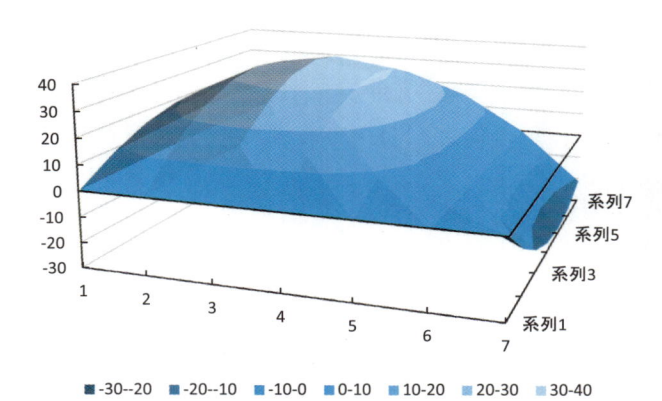

図 4.14　3 次元のグラフ

図 4.14 の系列 1〜系列 7 となっている軸が x 軸，1〜7 となっている軸が y 軸，縦軸が z 軸である．最大値は $x = 2$（グラフでは系列 5 に相当），$y = 3$ のときで，$z = 36$ となっている（D6 セル）．

$z = x^2y^2 - 4xy^2 - 6x^2y + 24xy$ を代数的に偏微分して確認しよう．

$\partial z/\partial x = 2xy^2 - 4y^2 - 12xy + 24y = 2y(y-6)(x-2)$ という y の関数が常に 0 になる x の値は，$x = 2$ である．

$\partial z/\partial y = 2x^2y - 8xy - 6x^2 + 24x = 2x(x-4)(y-3) = 0$ という x の関数が常に 0 になる y の値は，$y = 3$ である．

それぞれの軸方向の傾きが 0 になるところ $(x, y) = (2, 3)$ を求めれば，z が最大値になる箇所がわかるということが確認できる．

4.2 数値積分

4.2.1 長方形近似と台形近似

関数を数値積分することを考えよう．例として，$y = \cos x$ を x の 0 から $\pi/2$ まで積分することを考える．まず，あとで比較するために理論値を求めておく．

$$\int_0^{\pi/2} \cos x \, dx = \Big[\sin x\Big]_0^{\pi/2} = \sin \frac{\pi}{2} - \sin 0 = 1 - 0 = 1 \tag{4.30}$$

$y = \cos x$ と x 軸，y 軸が囲む面積が積分値になる．これを図 4.15 のように長方形を使って近似した場合の面積 ΔS_1，図 4.16 のように台形で近似した場合の面積 ΔS_2 は，それぞれ次式になる．

$$\Delta S_1 = \cos x_i \times dx \tag{4.31}$$

$$\Delta S_2 = \frac{\cos x_i + \cos x_{i+1}}{2} \times dx \tag{4.32}$$

Excel で，次のように入力する．A2 セルには，$0 \sim \pi/2$ を 10 等分した値 dx を入れる．B 列は x 軸，C 列は $y = \cos x$，D 列に式 (4.31) の長方形で近似した場合の値，E

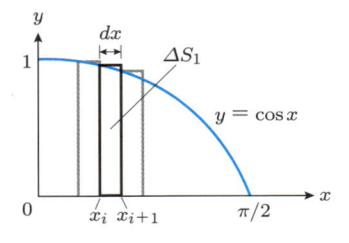

図 4.15 長方形による近似

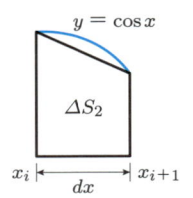

図 4.16 台形による近似

列に式 (4.32) の台形で近似した場合の値を入れる．A2 セルを参照する場合，コピーしても指定セルが変わらないように，$A$2 と絶対参照にしておく．A4 セルには，式 (4.30) の理論値を入力する．

入力	A	B	C	D	E
1	dx	x	cos(x)	長方形近似	台形近似
2	=PI()/2/10	0	=COS(B2)	=C2*$A$2	=(C2+C3)*$A$2/2
3	理論値	=B2+$A$2	=COS(B3)		
4	1				

図 4.17

次に x 軸と，積分したい関数 $y = \cos x$ の列を完成させる．B3, C3 セルを 12 行目までコピーする．コピーする方法は 1 章を参照してほしい．

D, E 列は，2 行目を 11 行目までコピーする（12 行目ではないので注意）．

結果	A	B	C	D	E
1	dx	x	cos(x)	長方形近似	台形近似
2	0.15707963	0	1	0.15707963	0.156112677
3	理論値	0.15707963	0.98768834	0.15514572	0.152268665
4	1	0.31415927	0.95105652	0.14939161	0.144675293
5		0.4712389	0.89100652	0.13995898	0.133519535
6		0.62831853	0.80901699	0.12708009	0.119076083
7		0.78539816	0.70710678	0.11107207	0.101700582
8		0.9424778	0.58778525	0.09232909	0.081820876
9		1.09955743	0.4539905	0.07131266	0.059926468
10		1.25663706	0.30901699	0.04854028	0.036556472
11		1.41371669	0.15643447	0.02457267	0.012286334
12		1.57079633	6.1257E-17		

図 4.18

それぞれの短冊の面積 ΔS_i を足し合わせると，全体の面積になる．合計を求める SUM( ) 関数を使う．誤差は式 (4.30) で計算した理論値 A4 セルの値を使い，(計算値 − 理論値) ÷ 理論値という式で求める．ただし，図 4.15 の長方形近似では計算値のほうが理論値より大きくなり，図 4.16 の台形近似では計算値のほうが小さくなるはずである．

入力	F	G
1	長方形近似	台形近似
2	=SUM(D2:D11)	左のセルをコピーする
3	長方形近似の誤差	台形近似の誤差
4	=ABS(F2-$A$4)/$A$4	左のセルをコピーする

図 4.19

そのため，絶対値を計算する ABS( ) 関数を使って，誤差の大きさを絶対値で評価する．
台形近似の誤差が小さいことがわかる．

	F	G
1	長方形近似	台形近似
2	1.076482803	0.997942986
3	長方形近似の誤差	台形近似の誤差
4	0.076482803	0.002057014

図 4.20

例題 4.5 図 4.21 に示す多角形の面積を求めよ．
各点の座標は，① $(5, 1)$，② $(6, 5)$，③ $(4, 4)$，④ $(3, 5)$，⑤ $(1, 3)$ とする．

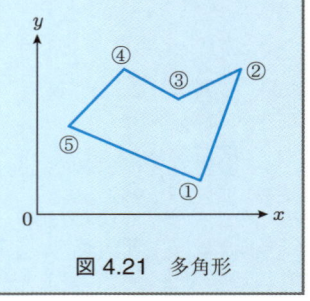

図 4.21 多角形

解 ①，②，③，④，⑤，①と点の座標を並べ，台形近似と同じ考え方で面積を計算していけばよい．その際，図 4.22 のように①②と x 軸 (x_1, x_2) で囲まれる台形の面積 S_1 はマイナスにしなければならないし，③④と x 軸 (x_3, x_4) で囲まれる台形の面積 S_3 はプラスにしなければならない．そこで，x 軸の値を，順に①−②，②−③と規則正しく添え字の小さいほうから大きいほうを引くようにすれば，正しく求められる．⑤の座標の右の列に，もう一つ①の座標を入力しておき，⑤−①を計算できるようにしておく．

$$S = \frac{1}{2} \sum_{i=1}^{n} (x_i - x_{i+1})(y_i + y_{i+1}) \quad \text{ただし，} x_{n+1} = x_1, y_{n+1} = y_1 \text{ とする．}$$

したがって，図形の面積は 10.5 となる．

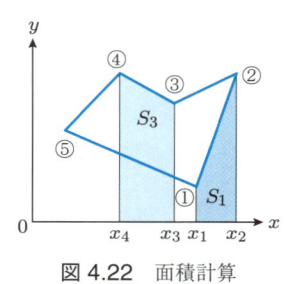

図 4.22 面積計算

4.2 数値積分

入力

	A	B	C	D	E	F	G
1	i	①	②	③	④	⑤	①
2	x(i)	5	6	4	3	1	5
3	y(i)	1	5	4	5	3	1
4	x(i)-x(i+1)	=B2-C2		左のセルをコピーする			
5	y(i)+y(i+1)	=B3+C3					
6	S(i)*2	=B4*B5					
7	面積	=SUM(B6:F6)/2					

⇩

結果

	A	B	C	D	E	F	G
1	i	①	②	③	④	⑤	①
2	x(i)	5	6	4	3	1	5
3	y(i)	1	5	4	5	3	1
4	x(i)-x(i+1)	-1	2	1	2	-4	
5	y(i)+y(i+1)	6	9	9	8	4	
6	S(i)*2	-6	18	9	16	-16	
7	面積	10.5					

図 4.23

ここで，上記の解では台形で面積を計算する順序を反時計回り（①②③④⑤①）で行ったが，逆に時計回り（①⑤④③②①）で計算することもできる．実際に時計回りで同様の計算を行うと，面積は -10.5 と負になってしまう．有限要素法などの市販ソフトにおいては，線分で囲まれた領域（メッシュ）の面積を算定する際に上記と同様の積分を行うため，メッシュを構成する節点は反時計回りに順序付けするように規定されているのが一般的である．

4.2.2 シンプソン公式

次に，直線で近似せずに2次曲線で近似する方法について説明する．これをシンプソン公式（Thomas Simpson，イギリス，1710–1761年）という．

図 4.24 のように，三つの点を通る2次曲線を考える．(x_1, y_1) を通ることから，この曲線を，

$$y = a(x - x_1)^2 + b(x - x_1) + y_1 \tag{4.33}$$

とする．各点が $x_2 - x_1 = x_3 - x_2 = h$ と等間隔の点だとすれば，この面積 S_i は次

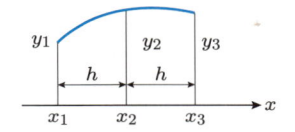

図 4.24 2次曲線で2区間を近似

式で表される．

$$
\begin{aligned}
S_i &= \int_{x_1}^{x_3} \{a(x-x_1)^2 + b(x-x_1) + y_1\} dx \\
&= \left[\frac{a}{3}(x-x_1)^3 + \frac{b}{2}(x-x_1)^2 + y_1(x-x_1) \right]_{x_1}^{x_3} \\
&= \frac{8ah^3}{3} + 2bh^2 + 2y_1 h
\end{aligned}
\tag{4.34}
$$

式 (4.33) の曲線は (x_2, y_2), (x_3, y_3) も通らなければならない．したがって，式 (4.33) の x, y に 2 点の座標を代入し，$x_2 - x_1 = h$, $x_3 - x_1 = 2h$ の関係を用いると，$y_2 - y_1 = ah^2 + bh$, $y_3 - y_1 = 4ah^2 + 2bh$ が得られる．これらを連立させて解けば係数 a, b を求めることができ，

$$
a = \frac{y_1 - 2y_2 + y_3}{2h^2}, \quad b = \frac{-3y_1 + 4y_2 - y_3}{2h}
$$

になる．これらを式 (4.34) に代入すれば，

$$
S_i = \frac{h(y_1 + 4y_2 + y_3)}{3}
$$

となる．図 4.24 のように，積分範囲を 2 区間ずつに分けてそれを加えていくと，全体の面積 S が求められる．$y_1 \sim y_n$ の n 個のデータを使うことにすれば（ただし，n は奇数とする），

$$
\begin{aligned}
S &= \frac{h}{3}\{(y_1 + 4y_2 + y_3) + (y_3 + 4y_4 + y_5) + \cdots + (y_{n-2} + 4y_{n-1} + y_n)\} \\
&= \frac{h}{3}\{y_1 + y_n + 4(y_2 + y_4 + \cdots + y_{n-1}) + 2(y_3 + y_5 + \cdots + y_{n-2})\}
\end{aligned}
\tag{4.35}
$$

で表される．

これを，VBA によるプログラムで計算してみよう．長方形近似と台形近似で計算したシートを開き，それに追加していくことにする．まず，シンプソン公式の結果と誤差を表示するセルを準備する．H2 セルはプログラムで結果を表示させるので，空白

入力

	H
1	シンプソン公式
2	
3	シンプソン公式の誤差
4	=ABS(H2-$A$4)/$A$4

図 4.25

にしておく．H4 セルは，左の G4 セルをコピーしてもよい．

「表示」メニューから「マクロ」→「マクロの表示」を選び，マクロ名に「`simpson`」と入力して「編集」ボタンを押す．VBA の編集画面の，`Sub simpson( )`〜`End Sub` の間に，次のプログラムを入力する．y_1 が C 列の 2 行目，$y_n (= y_{11})$ が 12 行目に入っており，y の添え字と何行目かという数字が一致しないことに注意しよう．

マクロ 4.1

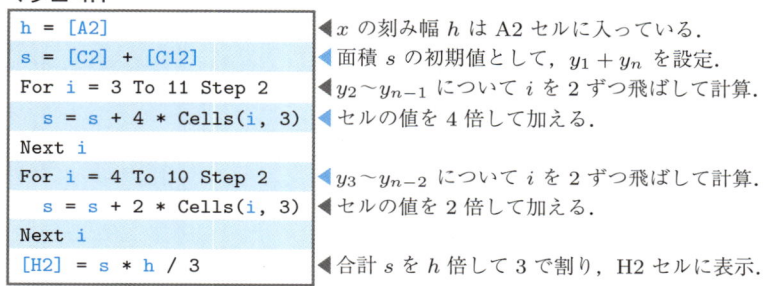

```
h = [A2]                    ◀ x の刻み幅 h は A2 セルに入っている．
s = [C2] + [C12]            ◀ 面積 s の初期値として，y₁ + yₙ を設定．
For i = 3 To 11 Step 2      ◀ y₂〜yₙ₋₁ について i を 2 ずつ飛ばして計算．
    s = s + 4 * Cells(i, 3) ◀ セルの値を 4 倍して加える．
Next i
For i = 4 To 10 Step 2      ◀ y₃〜yₙ₋₂ について i を 2 ずつ飛ばして計算．
    s = s + 2 * Cells(i, 3) ◀ セルの値を 2 倍して加える．
Next i
[H2] = s * h / 3            ◀ 合計 s を h 倍して 3 で割り，H2 セルに表示．
```

繰り返し計算に使う For〜Next で，`For i=3 To 11 Step 2` とすると，i の値を 3, 5, 7, 9, 11 と 2 ずつ飛ばして計算してくれる．そのほかは，式 (4.33) と見比べて理解してほしい．

Excel に戻り，「表示」→「マクロ」で「`simpson`」を実行すると，結果が H2 セルに表示される（小数第 5 位まで 0）．誤差がほとんどない（3×10^{-6}）ことがわかる．

結果	F	G	H
1	長方形近似	台形近似	シンプソン公式
2	1.076482803	0.997942986	1.000003392
3	長方形近似の誤差	台形近似の誤差	シンプソン公式の誤差
4	0.076482803	0.002057014	3.39222E-06

図 4.26

演習問題

4.1 三角関数 $f(x) = \tan x$ の $x = 0$ に対し，3 点微分公式，5 点微分公式を使ったそれぞれの値と，理論値を比較し，誤差について考察せよ．ただし，$h = 0.1$ とすること．

4.2 $f(x) = \sin^2 x$ の，$x = \pi/4$ における微分値を求めよ．

4.3 $f(x) = \ln x$ の，$x = 1.0 \sim 2.0$ ($\Delta x = 0.1$) に対する微分係数を求めよ．

4.4 $f(x) = \cos x$ の，$x = -\pi \sim \pi$ ($\Delta x = 0.1\pi$) に対する微分係数を求めよ．

4.5 $z = \sin x \cos y$ のとき，以下の偏微分を求めよ．

(1) $\partial z/\partial x$　　(2) $\partial z/\partial y$　　(3) $\partial^2 z/(\partial x \partial y)$

4.6 $z = \sin x \sin y$ のグラフを $x = -\pi \sim \pi, y = -\pi \sim \pi$ に対して描き，$\partial z/\partial x = \partial z/\partial y = 0$ になる xy 座標を確認せよ．また，z を偏微分してその値と比較せよ．

4.7 $\int_0^{\pi/2} \sin^2 x\, dx$ を計算せよ．長方形近似，台形近似，シンプソン公式を用い，それぞれ理論値と比較せよ．ただし，積分区間を 10 等分して求めること．

4.8 $\int_1^2 \ln x\, dx$ を計算せよ．長方形近似，台形近似，シンプソン公式を用い，それぞれ理論値と比較せよ．ただし，積分区間を 10 等分して求めること．

4.9 図 4.27 に示す星形で囲まれた面積を求めよ．①〜⑩の座標 (x,y) は，① $(0,37)$，② $(20,23)$，③ $(12,0)$，④ $(32,14)$，⑤ $(51,0)$，⑥ $(44,23)$，⑦ $(63,37)$，⑧ $(39,37)$，⑨ $(32,60)$，⑩ $(24,37)$ とする．単位は mm である．

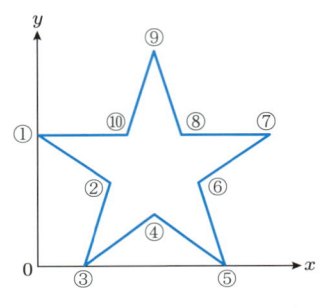

図 4.27　星形

4.10 図 4.28 に示す図形の面積を求めよ．①〜⑤の座標 (x,y) は，① $(0,0)$，② $(4,1)$，③ $(5,4)$，④ $(3,2)$，⑤ $(2,3)$ である．単位は cm とする．

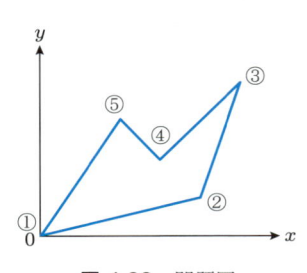

図 4.28　問題図

5 非線形方程式

変数がたくさんあっても，その 1 次式しか含まない式を線形方程式という．それ以外はすべて非線形方程式であり，代数的に解くのは難しいことが多い．この章では，非線形方程式を数値的に解いて近似解を求める方法について学ぶ．

5.1 ニュートン - ラフソン法

方程式の解を求める場合，次式のような線形方程式では簡単に解が求められる．

$$y = ax + b \tag{5.1}$$

非線形方程式（変数の 1 次式ではない式）でも，2 次方程式のように解の公式を使えばよいものもある．しかし，現実の工学的な問題では，解が代数的に求められることはむしろ少ない．数値解法にもいくつかの方法があるが，ここでは，ニュートン - ラフソン法 (Isaac Newton, イギリス, 1642–1727. Joseph Raphson, イギリス, 1648–1715) と呼ばれる方法について説明する．

解を求める式を，次のように表すことにする．

$$f(x) = 0 \tag{5.2}$$

これを，ある値 x_0 のまわりでテイラー展開すると，次のようになる．

$$f(x_0) + \frac{1}{1!}f'(x_0)(x - x_0) + \frac{1}{2!}f''(x_0)(x - x_0)^2 + \cdots = 0 \tag{5.3}$$

2 次以降の項を省略して式変形すれば，$f'(x_0) \neq 0$ のとき，次式が得られる．

$$f'(x_0)(x - x_0) = -f(x_0)$$

$$\therefore \ x = x_0 - \frac{f(x_0)}{f'(x_0)} \tag{5.4}$$

この式 (5.4) より，次の漸化式を作ると，初期値 x_0 から次のステップの推定値を求めていくことができる．

$$x_{i+1} = x_i - \frac{f(x_i)}{f'(x_i)} \tag{5.5}$$

これを図で説明すると，次のようになる．

図 5.1 に，$y = f(x)$ のグラフを示す．このグラフが x 軸を横切る点が，$f(x) = 0$ となる解である．まず，初期値 x_0 を与えて①の値 $f(x_0)$ を求める．その点での傾き $f'(x_0)$ を計算し，接線を引いて x_1 を求める．その点での値 $f(x_1)$ を求めて②を，その点の接線から③を，…と順に求めていき，$f(x_n)$ の値がある程度 0 に近く収束すれば，それを解として採用する．これがニュートン‐ラフソン法である．

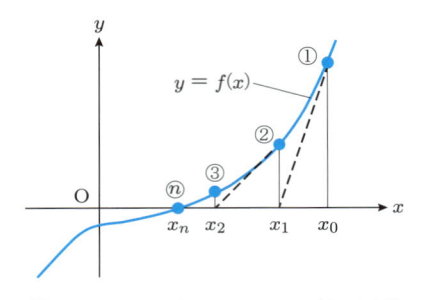

図 5.1 ニュートン‐ラフソン法の原理

| 例題 5.1 | ニュートン‐ラフソン法で，$\sqrt{k}$ の値を求めよ． |

解 $\sqrt{k}$ は $f(x) = x^2 - k = 0$ の解として求められる．導関数は，$f'(x) = 2x$ である．

$k = 3$ の場合のシートを Excel で作ってみる．まず，$k = 3$ の 3 という値を A1 セルに入れておく．初期値を B2 セルに，それに対する $f(x_0)$ を C2 セルに，$f'(x_0)$ を D2 セルに入れる．初期値は 1 としたが，正の数であればほかの数でもよい．

誤差は，Excel による $\sqrt{3}$ の値との差を E2 セルに入れる．ルートを計算する Excel の関数は SQRT( ) である．

	A	B	C	D	E
1	3	x	f(x)	f'(x)	error
2	x0	1	=B2*B2-$A$1	=2*B2	=ABS(B2-SQRT($A$1))/SQRT($A$1)

図 5.2

次に，B3 セルに式 (5.5) を入れ，C3〜E3 セルにはその上の C2〜E2 セルをコピーする．

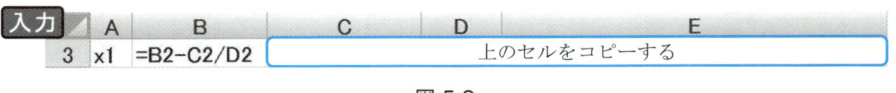

	A	B	C	D	E
3	x1	=B2-C2/D2	上のセルをコピーする		

図 5.3

この 3 行目全体を下へ連続コピーし，7 行目（x5）まで計算する．2〜3 回の計算で，ほぼ 1.732 という値が得られ，誤差も 10^{-3} 以下になっていることがわかる．

結果

	A	B	C	D	E
1	3	x	f(x)	f'(x)	error
2	x0	1	−2	2	0.422649731
3	x1	2	1	4	0.154700538
4	x2	1.75	0.0625	3.5	0.010362971
5	x3	1.73214286	0.000318878	3.4643	5.31448E-05
6	x4	1.73205081	8.47267E-09	3.4641	1.41211E-09
7	x5	1.73205081	0	3.4641	0

図 5.4

A1 セルの値を 3 以外の数字に変更するだけで，いろいろな k に対して $\sqrt{k}$ の計算ができる．また，C〜E 列の式を変えれば，k の 3 乗根や 4 乗根も計算できるし，もちろんほかの方程式の解を求めることもできる．

例題 5.2 【例題 5.1】と同様に，$\sqrt[3]{5}$ を求めよ．

解 $f(x) = x^3 - 5, f'(x) = 3x^2$ を使えばよい．

A1 セル：5
C2 セル：=B2^3-$A$1
D2 セル：=3*B2^2
E2 セル：=ABS(B2^3-$A$1)/$A$1

B 列を変える必要はない．C2〜E2 セルを下の 7 行目までコピーすれば完成である．

結果

	A	B	C	D	E
1	5	x	f(x)	f'(x)	error
2	x0	1	−4	3	0.8
3	x1	2.33333333	7.703703704	16.333	1.540740741
4	x2	1.861678	1.45228739	10.398	0.290457478
5	x3	1.72200188	0.106235773	8.8959	0.021247155
6	x4	1.71005974	0.000735046	8.7729	0.000147009
7	x5	1.70997595	3.60136E-08	8.7721	7.20272E-09

図 5.5

ニュートン–ラフソン法を使ううえで，注意しなければならないことが三つある．一つは，初期値を適切に設定しなければ，適切な解は求められない場合があるということである．【例題 5.1】で使った $y = x^2 - k$ という式も，解は $\pm\sqrt{k}$ なので，初期値を 1 にするか −1 にするかで求められる解は違ってくる．初期値を変えて計算してみるなど，適切な解が得られているかを確認することが必要である．二つ目は，式 (5.4) を導く際に $f'(x)$ が 0 ではないことを前提条件にしていることである．$f'(x)$ が 0 に

なると，図 5.1 で導関数と x 軸との交点がなくなり，次のステップに進めなくなる．また，三つ目として，そもそも導関数の式が求められないと，この方法を使うことはできないということである．

5.2 二分法

ニュートン–ラフソン法は，初期値を適切に設定するとしても，①導関数が求められないと使えない，②導関数が 0 になると次のステップに進めないという短所があった．これらの短所を解消する方法として，二分法（bisection method）を紹介する．これは，二つの値 a, b の間に解があることがわかっている場合，その中点での値を求めて次第に解の存在範囲を狭めていく方法である．図 5.6 の a, b の間に解がある場合，$f(a), f(b)$ は異符号，つまり $f(a) \times f(b) < 0$ になる．

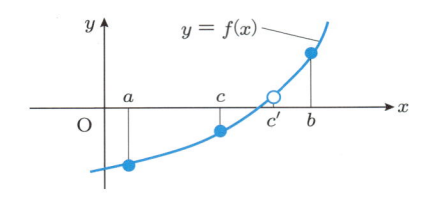

図 5.6 二分法の原理

その中点 $c = (a+b)/2$ を求め，$f(c)$ の正負を調べると，a, c の間と，c, b の間のどちらに解があるのかがわかる．もし，c, b の間に解があることがわかれば（つまり $f(c) \times f(b) < 0$），c を新たに a として，同じことを繰り返す．逆に，a, c の間に解があれば（$f(c) \times f(b) > 0$），c を新たに b とする．また，$f(c) \times f(b) = 0$ であれば c が解である．この方法の短所は，収束するまでに計算回数が多くなることが多いことである．しかし，時間はかかるが必ず解が求められる．これが二分法である．

例題 5.3 【例題 5.1】と同様に，$\sqrt{3}$ を二分法で求めよ．

解 **手順の確認** $f(x) = x^2 - 3$ とし，$f(x) = 0$ となる x を求める．まず，手計算で手順を確認しておこう．

① 1, 3 の間に解があるのは明らかなので，初期値 $a = 1, b = 3$ とする．

② $c = (a+b)/2 = (1+3)/2 = 2$．$f(a) \times f(c) = (-2) \times 1 < 0$ なので，解は $a = 1$ と $c = 2$ の間にある．次に，$b = c = 2$ と置き換え，次のステップに進む．

③ $c = (1+2)/2 = 1.5$．$f(a) \times f(c) = (-2) \times (-0.75) > 0$ なので，解は $c = 1.5$ と $b = 2$ の間にある．よって，$a = c = 1.5$ と置き換え，次のステップに進む．

④ $c = (1.5+2)/2 = 1.75$．$f(a) \times f(c) = (-0.75) \times 1 < 0$ なので，解は $a = 1.5$ と $c = 1.75$

5.2 二分法

の間にある．

計算式の入力　これを Excel で計算する．$\sqrt{3}$ の計算なので A1 セルに 3 と入力し，B1〜I1 セルには各列の説明を入力する．A2 セルに収束計算の回数を示す x0 という文字，B2 セルに a の初期値 1，C2 セルに $f(a)$ の値，D2 セルに b の初期値 3，E2 セルに $f(b)$ の値，F2 セルに $c = (a+b)/2$ を，G2 セルに $f(c)$ の値，H2 セルに $f(a) \times f(c)$ の値，I2 セルに誤差を計算する式を入力する．

収束計算においては，条件によって a または b を c と入れ替える代わりに，常に c と「a または b」との計算をするように考えると便利である．B3 セルでは前ステップの c の値が入っている F2 セルを参照し，C3 セルでは前ステップの $f(c)$ の値が入っている G2 セルを参照する．D3 セルでは，前ステップの $f(a) \times f(b)$ が負なら a, c の間に解があるので a の値（B2 セル），そうでなければ b, c の間に解があるので b の値（D2 セル）を参照する条件式を入力する．E3〜I3 セルは，それぞれ上のセルの式をコピーして貼り付ければよい．

A3〜I3 セルを選択し，それを 15 行目までコピーする．

入力

	A	B	C	D	E
1	3	a	f(a)	b	f(b)
2	x0	1	=B2*B2-$A$1	3	=D2*D2-$A$1
3	x1	=F2	=G2	=IF(H2<0,B2,D2)	上のセルをコピーする

	F	G	H	I
1	c	f(c)	f(a)*f(c)	error
2	=(B2+D2)/2	=F2*F2-$A$1	=C2*G2	=ABS(F2-SQRT($A$1))/SQRT($A$1)
3			上のセルをコピーする	

図 5.7

結果

	A	B	C	D	E	F	G	H	I
1	3	a	f(a)	b	f(b)	c	f(c)	f(a)*f(c)	error
2	x0	1	−2	3	6	2	1	−2	0.154701
3	x1	2	1	1	−2	1.5	−0.75	−0.75	0.133975
4	x2	1.5	−0.75	2	1	1.75	0.0625	−0.04688	0.010363
5	x3	1.75	0.0625	1.5	−0.75	1.625	−0.35938	−0.02246	0.061806
6	x4	1.625	−0.35938	1.75	0.0625	1.6875	−0.15234	0.054749	0.025721
7	x5	1.6875	−0.15234	1.75	0.0625	1.71875	−0.0459	0.006992	0.007679
8	x6	1.71875	−0.0459	1.75	0.0625	1.734375	0.008057	−0.00037	0.001342
9	x7	1.734375	0.008057	1.71875	−0.0459	1.726563	−0.01898	−0.00015	0.003169
10	x8	1.726563	−0.01898	1.734375	0.008057	1.730469	−0.00548	0.000104	0.000913
11	x9	1.730469	−0.00548	1.734375	0.008057	1.732422	0.001286	−7E−06	0.000214
12	x10	1.732422	0.001286	1.730469	−0.00548	1.731445	−0.0021	−2.7E−06	0.00035
13	x11	1.731445	−0.0021	1.732422	0.001286	1.731934	−0.00041	8.51E−07	6.77E−05
14	x12	1.731934	−0.00041	1.732422	0.001286	1.732178	0.00044	−1.8E−07	7.33E−05
15	x13	1.732178	0.00044	1.731934	−0.00041	1.732056	1.68E−05	7.4E−09	2.8E−06

図 5.8

13 回目の収束計算で，ようやく I 列の誤差が 10^{-5} 以下になることがわかる．この結果をみると，ニュートン-ラフソン法の収束が早かったことがわかる．

5.3 はさみうち法

二分法では，二つの値 a, b の中点を三つ目の点として使った．これに対して，二つの値 a, b を結ぶ直線が x 軸と交わる点 $c = \{a \times f(b) - b \times f(a)\}/\{f(b) - f(a)\}$ を三つ目の点として使う方法がはさみうち法である．二分法より収束が早くなることが多いが，問題によっては必ずしも早くなるとは限らない．

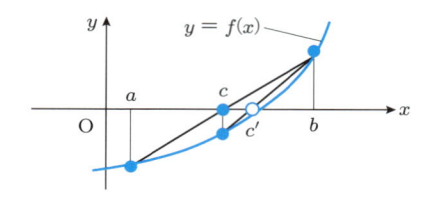

図 5.9 はさみうち法の原理

例題 5.4 【例題 5.3】の表を修正して，$\sqrt{3}$ をはさみうち法で求めよ．

解 まず，【例題 5.3】で使った計算シートをコピーしよう．シートの下の「Sheet1」と書かれたタブを右クリックし，シートの「移動またはコピー」を選ぶ．出てきたメニューから「コピーを作成する」にチェックして「OK」を押す．これで，同じシートがもう 1 枚作成される．

	A	B	C	D	E	F	G	H	I
1	3	a	f(a)	b	f(b)	c	f(c)	f(a)*f(c)	error
2	x0	1	-2	3	6	1.5	-0.75	1.5	0.133975
3	x1	1.5	-0.75	3	6	1.666667	-0.22222	0.166667	0.03775
4	x2	1.666667	-0.22222	3	6	1.714286	-0.06122	0.013605	0.010257
5	x3	1.714286	-0.06122	3	6	1.727273	-0.01653	0.001012	0.002759
6	x4	1.727273	-0.01653	3	6	1.730769	-0.00444	7.34E-05	0.00074
7	x5	1.730769	-0.00444	3	6	1.731707	-0.00119	5.28E-06	0.000198
8	x6	1.731707	-0.00119	3	6	1.731959	-0.00032	3.79E-07	5.31E-05
9	x7	1.731959	-0.00032	3	6	1.732026	-8.5E-05	2.72E-08	1.42E-05
10	x8	1.732026	-8.5E-05	3	6	1.732044	-2.3E-05	1.96E-09	3.82E-06
11	x9	1.732044	-2.3E-05	3	6	1.732049	-6.1E-06	1.4E-10	1.02E-06
12	x10	1.732049	-6.1E-06	3	6	1.73205	-1.6E-06	1.01E-11	2.74E-07
13	x11	1.73205	-1.6E-06	3	6	1.732051	-4.4E-07	7.24E-13	7.34E-08
14	x12	1.732051	-4.4E-07	3	6	1.732051	-1.2E-07	5.2E-14	1.97E-08
15	x13	1.732051	-1.2E-07	3	6	1.732051	-3.2E-08	3.73E-15	5.27E-09

図 5.10

F 列の c を，$(a, f(a))$, $(b, f(b))$ の 2 点を結ぶ直線が，x 軸と交わる点の座標に変更すればよいだけである．F2 セルを =(B2*E2-D2*C2)/(E2-C2) とし，これを 3〜15 行目にコピーする．これではさみうち法の計算ができ，二分法よりは早く収束していることがわかる．■

5.4 Excel の機能を利用する方法

Excel には，ゴールシークやソルバーと呼ばれる非線形方程式を解く機能が備わっている．必ずしも解が求められるとは限らないが，手軽に利用できる便利さがある．

例題 5.5 幅 b の長方形断面の川に水が流れている．深さ h の場合，側面との摩擦や川の傾斜などの影響を考えると，ある断面を 1 秒間に流れる水の量（流量）$Q\,[\mathrm{m^3/s}]$ は近似的に $Q = abh\{bh/(b+2h)\}^{2/3}$ と表せる．ただし，a は川の条件によって決まる定数である．洪水時に予想される流量 Q に対して水深 h がわかれば，氾濫を防ぐために必要な堤防の高さを決めることができる．それでは，$b = 5\,\mathrm{m}$, $a = 1\,\mathrm{m^{1/3}/s}$ のとき，$Q = 15\,\mathrm{m^3/s}$ が流れるときの水深 h を求めよ．

解 この非線形方程式は導関数が複雑であり，ニュートン - ラフソン法を使いにくい．ここでは，Excel のゴールシーク機能を使って解を求める．まず，A1〜C1 セルに列の説明を入力する．A2 セルに幅 b として 5 を入力，B2 セルに水深 h の初期値として 1 を入力しておく．C2 セルには流量 Q の計算式を入力する．ここで，Excel のゴールシーク機能を使う．

	A	B	C
1	b	h	Q
2	5	1	=A2*B2*(A2*B2/(A2+2*B2))^(2/3)

図 5.11

① データメニューの What-If 分析メニューから「ゴールシーク」を選択すると，図 5.12 の小さなゴールシークウィンドウが現れる．

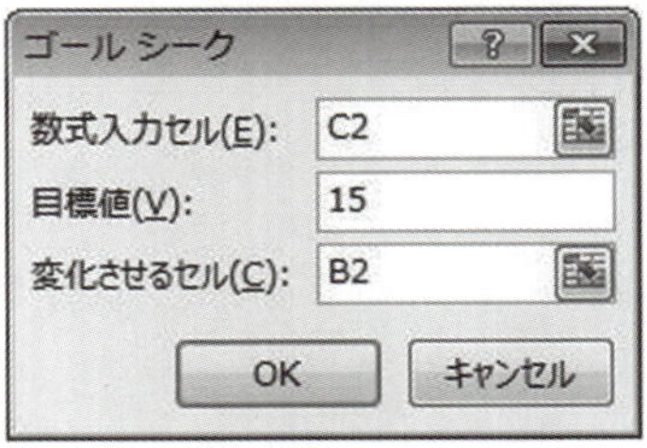

図 5.12

② 数式入力セル欄（目標とする値を求める式が入っているセル）には C2 と入力する．C2 セルの Q を $15\,\mathrm{m}^3/\mathrm{s}$ にしたいので，目標値欄に 15 と入力する．B2 セルの水深 h を変化させて解を求めたいので，変化させるセル欄に B2 と入力する．セルの指定は，セルを入力する枠の右端ボタンの 📷 を押してセルを選択してもよい．

③ OK ボタンを押すと「解答が見つかりました」というメッセージが表示されるので，さらに OK ボタンを押す．B2 セルの値が変わり，C2 セルの値がほぼ 15 になるはずである．そのときの水深は B2 セルより，約 $2.6\,\mathrm{m}$ だということがわかる．つまり，もしこの川の洪水時の水量が $15\,\mathrm{m}^3/\mathrm{s}$ だと予測されていれば，堤防の高さが $3\,\mathrm{m}$ あれば安全だということになる．

図 5.13

Excel にはゴールシークのほかに，「ソルバー」という機能もある．ゴールシークのように目的値を決まった値にするだけではなく，目的値を最大や最小にしたり，制約条件をつけたりすることもできる（8 章参照）．非線形方程式を解かなければならない問題は工学分野だけではなく経済分野などでも多く，いろいろな解き方を知っておくことが重要である．

演習問題

5.1 $f(x) = \sin^2 x - \cos x = 0$ の $0 \leqq x \leqq \pi$ における解を，以下の方法で求めよ．ただし，誤差 10^{-5} 以下とし，答えは有効数字 4 桁で答えること．

(1) ニュートン-ラフソン法　　(2) 二分法　　(3) はさみうち法

5.2 $e^x + e^{-x} = 10$ を満足する x の近似値を求めよ．

5.3 $f(x) = \sin x$ の近似式として，3.1 節で求めたテイラー展開の $x = 0$ における 1 次近似式 $f(x) \fallingdotseq x$ を用いる場合，誤差が 1% 以内になる x の範囲を答えよ．

ヒント 誤差 $(x - \sin x)/\sin x$ は，$x > 0$ で正，$x = 0$ で 0，$x < 0$ で負になる．したがって，$x > 0$ に対する誤差の条件は $(x - \sin x)/\sin x \leqq 0.01$ と表される．式変形すれば，$x \leqq 1.01 \sin x$ になる．$g(x) = x - 1.01 \sin x$ という関数を考え，$g(x) = 0$ となる $x = x^*$ を求めれば，$\sin x$ は奇関数なので，$-x^* \leqq x \leqq x^*$ が答えになる．

5.4 $f(x) = e^x$ の近似式として，3.1 節で求めたテイラー展開の $x = 0$ における 1 次近似式 $f(x) \fallingdotseq 1 + x$ を用いる場合，誤差が 1% 以内になる x の範囲を答えよ．なお，$e^x \geqq 1 + x$ である．

5.5 内径 $10 \times 10 \times 10\,\mathrm{cm}$ の立方体である水槽に $200\,\mathrm{cm}^3$ の水を入れた．ここに，半径 $4\,\mathrm{cm}$ の十分に重い球を水底に接するように沈めたときの水位 h を求めよ．ただし，小数第 2 位を四捨五入し，小数第 1 位までの数で答えること．

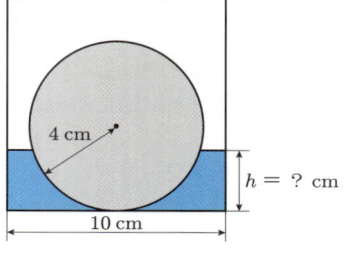

図 5.14

5.6 内径 $10 \times 10 \times 10 \,\mathrm{cm}$ の立方体である水槽に $200 \,\mathrm{cm}^3$ の水を入れた．ここに，半径 $5 \,\mathrm{cm}$，高さ $5 \,\mathrm{cm}$ の十分に重い円錐を水底に接するように沈めたときの水位を求めよ．ただし，小数第 2 位を四捨五入し，小数第 1 位までの数で答えること．

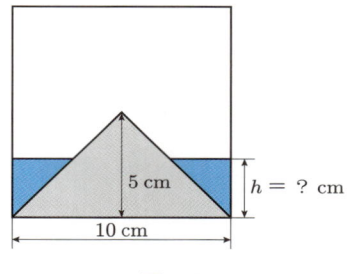

図 5.15

5.7 $f(x) = x^4 - 12x^3 + 49x^2 - 78x + 40 = 0$ の解を数値解析手法で求めよ．
5.8 $f(x) = x^3 - 3x^2 - 3x + 6 = 0$ の解を数値解析手法で求めよ．
5.9【例題 5.5】の流量を $20 \,\mathrm{m}^3/\mathrm{s}$ にするには，水深 h が何 m であればよいかを求めよ．
5.10 $\sin x \sinh x = 1$ を満足する x を求めよ．$\sinh$ はハイパボリック・サイン関数である．

Column 和算と数値解析

　ニュートン - ラフソン法と同じような解法を考えたのは，江戸時代の関孝和（?–1708）のほうが早いともいわれている．当時の日本では，和算と呼ばれる独自の数学が発達しており，数値解析的な考え方もよく用いられていた．世界的にも高い水準の数学だったといわれているが，明治時代に西洋の数学が入ってきて衰退した．今でも各地の神社に，和算の問題を記した算額と呼ばれる額や絵馬が奉納されたものを見ることができる．

6 ベクトルと行列

コンピュータを使った計算では，ベクトルや行列を利用すると便利なことが多い．それらを自在に扱うためには，まずベクトルや行列の意味をしっかりと理解しておく必要がある．用語のやさしい定義からはじめ，後半は Excel によるベクトルや行列の取り扱いについて学ぶ．

6.1 用語の説明

6.1.1 スカラーとベクトル

まず，スカラー，ベクトルという言葉の定義を明確にするために，x–y 平面内にある物体に力を加えることを考える．

図 6.1 のように，点 A にある物体に x 方向に 11.0 kN，y 方向に 9.0 kN の力，点 B にある物体に 10.0 kN の力を加えたとする．この場合，それぞれの力の大きさ（量，値）を表す 11.0，9.0，10.0 が**スカラー**（scalar）である．それに対し，大きさとその方向の情報を含むものが**ベクトル**（vector）である．ベクトルは方向も含むことから，それがわかるような表示方法をとる．たとえば，点 A に作用する力 P_1，P_2 のベクトルは，それぞれ

$$(11.0\ \ 0.0),\ (0.0\ \ 9.0)$$

と表す．この場合，P_1，P_2 の x 成分を 1 列目に，y 成分を 2 列目に示した行ベクトル（横方向に 1 行）として小カッコ（ ）を用いて表しているが，中カッコ { }，大カッコ [ ] を用いてもよいし，縦方向に表示しても構わない．それぞれの成分の間がわかりやすいようにカンマ「,」を入れて区別する場合もある．一方，縦方向に示したものを列ベクトルといい，次のように示される．

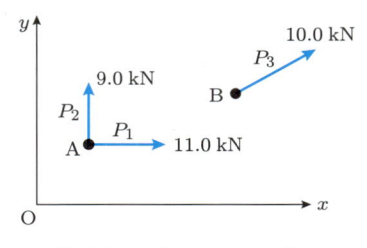

図 6.1　スカラーとベクトル

$$\begin{pmatrix} 11.0 \\ 0.0 \end{pmatrix}, \begin{pmatrix} 0.0 \\ 9.0 \end{pmatrix}$$

この場合，1 行目が x 方向の成分，2 行目が y 方向の成分を表している．

ここで，加えた力を P_1, P_2 と表示すると，ベクトルであるのか，スカラーであるのかがわからない．そのため，ベクトルについては，$\vec{P}_1$, $\vec{P}_2$ と → を変数の上に付記したり，{ } 付の $\{P_1\}$, $\{P_2\}$ や，太字で $\boldsymbol{P}_1$, $\boldsymbol{P}_2$ と示すことにより区別する．ちなみに，点 A から点 B への移動を示すベクトルを $\overrightarrow{AB}$ と表すこともある．本書では太字で表すことにする．

したがって，力ベクトル $\boldsymbol{P}_1$, $\boldsymbol{P}_2$ は次のように書くことができる．

$$\boldsymbol{P}_1 = (11.0 \quad 0.0), \quad \boldsymbol{P}_2 = (0.0 \quad 9.0)$$

次に，図 6.1 の物体 B に作用する力ベクトル $\boldsymbol{P}_3$ について，上記の $\boldsymbol{P}_1$, $\boldsymbol{P}_2$ と同様に表記してみよう．そのためには x 成分と y 成分を明確にする必要がある．

力ベクトル $\boldsymbol{P}_3$ が図 6.2 のような成分だったとすると，x 方向と y 方向の大きさ（スカラー）を使うと，

$$\boldsymbol{P}_3 = (8.0 \quad 6.0)$$

と表すことができる．このように表記すると，$\boldsymbol{P}_3$ の大きさが一見してわからないかもしれない．ベクトルの大きさを計算する方法については，6.2.3 項で説明する．

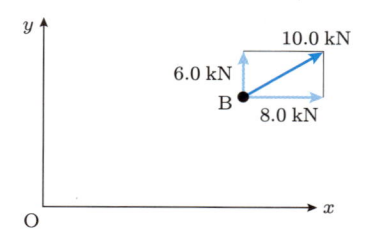

図 6.2　ベクトルの xy 成分表示

図 6.1, 6.2 では，2 次元 x-y 平面における力を表す 2 次元ベクトルを扱った．3 次元空間における力を表すためには，x-y-z 座標を使って，

$$\boldsymbol{P}_3 = (8.0 \quad 6.0 \quad 0.0)$$

のように 3 次元ベクトルを使うことになる．一般には，さらに 4 次元，5 次元，…，n 次元ベクトルも定義することができる．

ここまで，力を例にとってベクトルを説明してきたが，力だけでなく，物体の時間ごとの位置の変化や速度・加速度など，大きさと方向をもつものはベクトル表示することができる．

6.1.2 行　列

6.1.1 項で示したように，ベクトルは成分が 1 列や 1 行に並んでいたが，一般に 2 行 2 列以上の成分をもつものを**行列**（matrix）という．すなわち，下記のように表すことができるものが行列である．

$$A = \begin{pmatrix} a_{11} & a_{12} & \cdots & a_{1j} & \cdots & a_{1n} \\ a_{21} & a_{22} & \cdots & a_{2j} & \cdots & a_{2n} \\ \vdots & \vdots & \ddots & \vdots & & \vdots \\ a_{i1} & a_{i2} & \cdots & a_{ij} & \cdots & a_{in} \\ \vdots & \vdots & & \vdots & \ddots & \vdots \\ a_{m1} & a_{m2} & \cdots & a_{mj} & \cdots & a_{mn} \end{pmatrix}$$

上記の行列 A は m 行（縦方向）の成分と n 列（横方向）の成分をもつ m 行 n 列の行列といい，式中の a_{ij} は，i 行 j 列の成分を表す．行列の表示方法として，ベクトルと同じように太字で A と表したり，$[A]$ と表したりする．6.1.1 項の三つの力ベクトル $P_1 \sim P_3$ を組み合わせて，下記のように 3 行 2 列の行列として表示することもできる．

$$P = \begin{pmatrix} P_1 \\ P_2 \\ P_3 \end{pmatrix} = \begin{pmatrix} 11.0 & 0.0 \\ 0.0 & 9.0 \\ 8.0 & 6.0 \end{pmatrix}$$

ここまでの説明だと何のために行列を用いるのか，覚えることが増えるだけでメリットがまったくわからないかもしれないが，本書を読み進めていくと多大なメリットがあることを実感できるはずである．

6.2　ベクトルの演算

6.2.1 ベクトルの足し算と引き算

ベクトル $a = (4\ 1)$ とベクトル $b = (1\ 2)$ の足し算 $c = a + b$ を考える．ここではベクトルを座標内の移動と捉え，それぞれのベクトルを，x-y 平面に図 6.3 のように設定する．

図 6.3　ベクトルの和

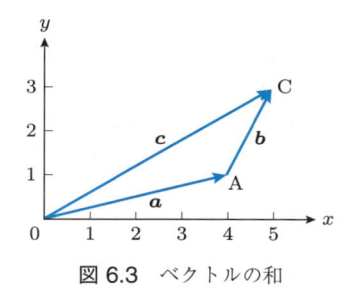

この場合，a は「原点から点 A へ x 方向に 4，y 方向に 1 進む」ことに相当し，b は「点 A から点 C へ x 方向に 1，y 方向に 2 進む」ことに相当する．その和であるベクトル c は「原点から点 C へ x 方向に $4+1=5$，y 方向に $1+2=3$ 進む」ことを表せばよいので，a と b の成分ごとに足し算をして，

$$c = a + b = (4+1 \quad 1+2) = (5 \quad 3) \tag{6.1}$$

となる．交換法則 $a + b = b + a$ も成り立つ．ベクトルの引き算も同様に考えて，成分ごとに引き算をすればよい．たとえば，式 (6.1) より，

$$a = c - b = (5-1 \quad 3-2) = (4 \quad 1) \tag{6.2}$$

である．図 6.1 で a で原点から点 A に進むということは，原点から点 C へ向かって点 A に戻ると考えて，c に b を逆向きにして加えると考えてもよい．

$$a = c + (-b) = (5-1 \quad 3-2) = (4 \quad 1) \tag{6.3}$$

6.2.2　ベクトルとスカラーのかけ算と割り算

たとえば，図 6.2 で 2 倍の力を作用させることを考える．図 6.4 のように，ベクトルを 2 倍すると，方向が同じで大きさが 2 倍のベクトルが得られる．ベクトル $P_3 = (8.0 \quad 6.0)$ を 2 倍したベクトル P_4 を求めると，成分ごとに 2 倍して，

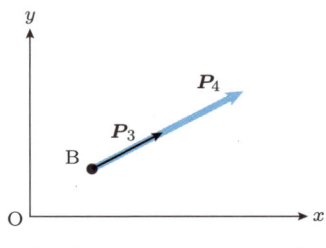

図 6.4　ベクトルのスカラー倍

$$P_4 = 2 \times P_3 = 2 \times (8.0 \ \ 6.0) = (2 \times 8.0 \ \ 2 \times 6.0) = (16.0 \ \ 12.0) \quad (6.4)$$

となる．ベクトルをスカラーで割る割り算も同様に考えて，成分ごとに割り算をすればよい．

6.2.3 ベクトルの内積

ベクトルの演算には内積というものがある．記号では「·」が使われ，ベクトル a とベクトル b のなす角を θ とすれば，

$$a \cdot b = |a||b|\cos\theta \quad (6.5)$$

と定義される．ただし，$|a|$ は a の大きさであり，$a = (a_1 \ \ a_2)$ であれば，

$$|a| = \sqrt{a_1{}^2 + a_2{}^2} \quad (6.6)$$

である．これは，図 6.5 のように直角三角形を考えて三平方の定理を使えば求められる．

$$|a|^2 = a_1{}^2 + a_2{}^2$$

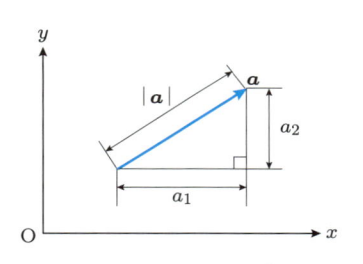

図 6.5 ベクトルの大きさ

3 次元ベクトル $b = (b_1 \ \ b_2 \ \ b_3)$ であれば，$|b| = \sqrt{b_1{}^2 + b_2{}^2 + b_3{}^2}$ である．

式 (6.5) は，力学的には力 a が b の方向になす仕事量を表す重要な演算である．図 6.6 のように，a を作用させて物体を A から B まで移動させたとき，その仕事は式 (6.5) で表すことができる．

a が b と同じ向きであれば $\cos\theta = 1$ で一番効率がよいし，a が b に直角であれば $\cos\theta = 0$ となって，その力 a は何も仕事をしないことになる．

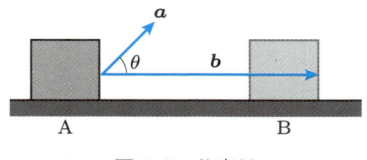

図 6.6 仕事量

次に,式 (6.5) の具体的な計算について考えてみよう.$\boldsymbol{a} = (a_1 \ a_2)$, $\boldsymbol{b} = (b_1 \ b_2)$ とする.三角関数の余弦定理より,

$$|\boldsymbol{b}-\boldsymbol{a}|^2 = |\boldsymbol{a}|^2 + |\boldsymbol{b}|^2 - 2|\boldsymbol{a}||\boldsymbol{b}|\cos\theta \tag{6.7}$$

となる.式 (6.5),(6.7) より,

$$\begin{aligned}
\boldsymbol{a}\cdot\boldsymbol{b} &= |\boldsymbol{a}||\boldsymbol{b}|\cos\theta = \frac{1}{2}(|\boldsymbol{a}|^2 + |\boldsymbol{b}|^2 - |\boldsymbol{b}-\boldsymbol{a}|^2) \\
&= \frac{1}{2}\{(a_1{}^2 + a_2{}^2) + (b_1{}^2 + b_2{}^2) - (b_1-a_1)^2 - (b_2-a_2)^2\} \\
&= a_1 b_1 + a_2 b_2
\end{aligned} \tag{6.8}$$

となる.このように結果は簡単な形になり,各ベクトルの成分ごとにかけた値を足したスカラー量になる.これは,3次元ベクトルでも何次元ベクトルでも同じである.

例題 6.1 図 6.7 のように三つの点 O, A, B がある.OA と OB のなす角度を計算せよ.

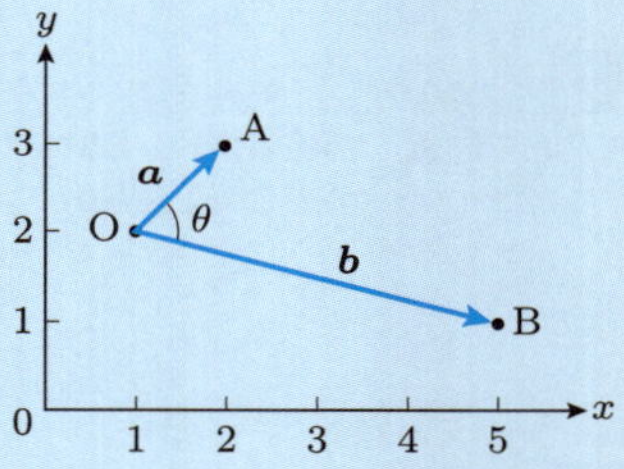

図 6.7 点の位置関係

解 角度を求めるためには,ベクトルの内積を用いればよい.ベクトル $\overrightarrow{OA} = \boldsymbol{a}$, $\overrightarrow{OB} = \boldsymbol{b}$ とすると,ベクトルのなす角 θ は式 (6.5) より次式で表される.

$$\cos\theta = \frac{\boldsymbol{a}\cdot\boldsymbol{b}}{|\boldsymbol{a}||\boldsymbol{b}|} \tag{6.9}$$

$\boldsymbol{a} = (a_1, a_2)$, $\boldsymbol{b} = (b_1, b_2)$ とすると,$|\boldsymbol{a}| = \sqrt{a_1{}^2 + a_2{}^2}$, $|\boldsymbol{b}| = \sqrt{b_1{}^2 + b_2{}^2}$, $\boldsymbol{a}\cdot\boldsymbol{b} = a_1 b_1 + a_2 b_2$ である.Excel で計算してみよう.

B2〜C4 セルに三つの点の座標を入力.F3〜G4 セルに,ベクトル $\boldsymbol{a}$, $\boldsymbol{b}$ を計算する.

	A	B	C	D	E	F	G
1		X	Y				
2	O	1	2				
3	A	2	3		a	=B3-B2	=C3-C2
4	B	5	1		b	=B4-B2	=C4-C2

図 6.8

ベクトルの大きさと内積を計算する．内積には，SUMPRODUCT( ) という関数を使う．あるいは，成分ごとにかけ算をしても構わない．

入力		A	B	C	D	E	F	G
	6	|a|	=SQRT(F3^2+G3^2)			a.b	=SUMPRODUCT(F3:G3,F4:G4)	
	7	|b|	=SQRT(F4^2+G4^2)					

図 6.9

式 (6.6) より，アーク・コサイン関数（コサイン関数の逆関数で $\cos^{-1}$ と書く）を使って，角度 θ を次式で計算することができる．

$$\theta = \cos^{-1}\left(\frac{\boldsymbol{a}\cdot\boldsymbol{b}}{|\boldsymbol{a}||\boldsymbol{b}|}\right) \tag{6.10}$$

Excel では ACOS( ) 関数を使う．ただし，計算された角度はラジアン単位になるので，DEGREES( ) 関数を使って度に変換する．答えは約 59° になる．

入力		A	B	C	D	E	F	G
	9	角度	=ACOS(F6/B6/B7)	rad				
	10		=DEGREES(B9)	度				

図 6.10

結果		A	B	C	D	E	F	G
	1		X		Y			
	2	O		1	2			
	3	A		2	3	a	1	1
	4	B		5	1	b	4	-1
	5							
	6	|a|	1.414213562			a.b	3	
	7	|b|	4.123105626					
	8							
	9	角度	1.030376827	rad				
	10		59.03624347	度				

図 6.11

6.2.4 ベクトルの外積

ベクトルの演算には，もう一つ重要なものがある．外積というもので，演算の記号には「×」を使う．結果もベクトルになるのでベクトル積ともいう．

(1) 外積の定義　　$\boldsymbol{a} = (a_1\ a_2\ a_3), \boldsymbol{b} = (b_1\ b_2\ b_3)$ のとき，

$$\boldsymbol{a} \times \boldsymbol{b} = (a_2 b_3 - a_3 b_2 \quad a_3 b_1 - a_1 b_3 \quad a_1 b_2 - a_2 b_1)$$

を外積といい，以下のような特徴がある．
① 大きさは $|\boldsymbol{a} \times \boldsymbol{b}| = |\boldsymbol{a}||\boldsymbol{b}| \sin\theta$ であり，$\boldsymbol{a}$ と $\boldsymbol{b}$ が作る平行四辺形の面積に等しい．
② ベクトルの方向は，もとのベクトル $\boldsymbol{a}, \boldsymbol{b}$ に直角．
③ ベクトルの向きは，$\boldsymbol{a}$ から $\boldsymbol{b}$ に向けて右ねじを回したときに進む向き．
④ $\boldsymbol{a} \times \boldsymbol{b} = -\boldsymbol{b} \times \boldsymbol{a}$ となり，交換法則が成り立たない．
⑤
- 覚え方1：図 6.12 のようなたすき掛けの計算を考える．右下へ向かう実線のかけ算はプラス，左下へ向かう破線のかけ算はマイナスとする．
- 覚え方2：図 6.13 のように $|\boldsymbol{a} \times \boldsymbol{b}| = |\boldsymbol{a}||\boldsymbol{b}| \sin\theta$ の大きさをもつ回転力が与えられたとき，右ねじが進む方向のベクトルと等しくなる．

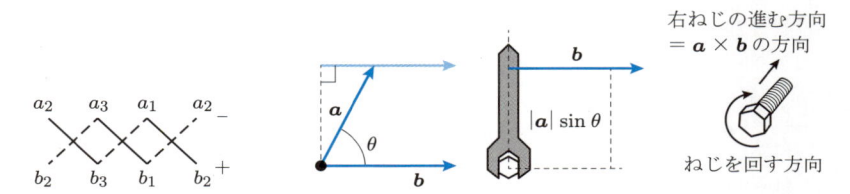

図 6.12　たすき掛けの計算　　　図 6.13　右ねじの進む方向

例題 6.2　二つのベクトル $\boldsymbol{a} = (1\ 2\ 3), \boldsymbol{b} = (4\ 5\ 6)$ に直交し，大きさが1のベクトルを求めよ．

解　まず，ベクトルの外積を計算する．

$$\boldsymbol{a} \times \boldsymbol{b} = (2\times 6 - 3\times 5 \quad 3\times 4 - 1\times 6 \quad 1\times 5 - 2\times 4) = (-3\ \ 6\ \ -3)$$

このベクトルは外積の特徴より，二つのベクトルに直交した向きになっているはずである．ベクトルの大きさは，$|\boldsymbol{a} \times \boldsymbol{b}| = \sqrt{(-3)^2 + 6^2 + (-3)^2} = \sqrt{54}$ と計算できるので，大きさが1のベクトルは，

$$\frac{\boldsymbol{a} \times \boldsymbol{b}}{|\boldsymbol{a} \times \boldsymbol{b}|} = \left(-\frac{3}{\sqrt{54}} \quad \frac{6}{\sqrt{54}} \quad -\frac{3}{\sqrt{54}}\right) = \left(-\frac{\sqrt{6}}{6} \quad \frac{\sqrt{6}}{3} \quad -\frac{\sqrt{6}}{6}\right)$$

である．これとは符号が逆のベクトルも解になる．

(2) 外積の利用法　3次元空間における構造物の回転を考える際に，外積の計算が必要になる．3次元の CG アニメーションやゲームで多用される技術である．その基礎として，まず2次元の回転問題について考えよう．

ある点 O を中心に，$\boldsymbol{P}$ という力が物体を回転させようとする作用は，$\boldsymbol{P}$ の作用線

（力が作用する方向）に点 O から下ろした垂線の長さと，P をかけあわせたもので表される．物を回すとき，支点から遠いところを回したほうが楽なのは，経験していることと思う．回転力は，力のモーメントと呼ばれる（トルクともいう）．

図 6.14 のようなシーソーに 2 人が乗ったときのつりあいは，支点から L_1 の距離に乗った人の重さを W_1，支点から L_2 の距離に乗った人の重さを W_2 とすれば，次式で表される．

$$W_1 L_1 = W_2 L_2 \tag{6.11}$$

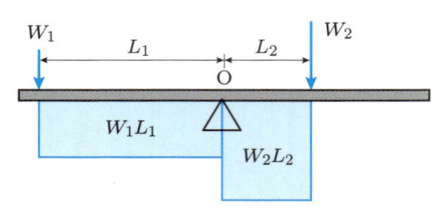

図 6.14　シーソー

点 O を中心に回転させようとする力が，逆方向（時計回りと反時計回り）を向いてつりあっている．重い人は支点の近くに，軽い人は支点から遠くに乗らないとつりあわない．それぞれの回転力は，力と距離で作られる長方形の面積と同じ大きさになっている．この面積が外積と関係することになる．

次に，図 6.15 のように力が斜めに向いている場合を考えよう．原点 O から L 離れた位置に力 P が作用している．P の x 方向成分 P_x が時計回りに $L_y P_x$ という力のモーメントを発生させ，y 方向成分 P_y が反時計回りに $L_x P_y$ という力のモーメントを発生させる．反時計回りを正とすると，力のモーメントの大きさ M は次式になる．

$$M = L_x P_y - L_y P_x \tag{6.12}$$

これを 3 次元空間で考えると，力のモーメント（ベクトル）は，次式のように外積で表される．

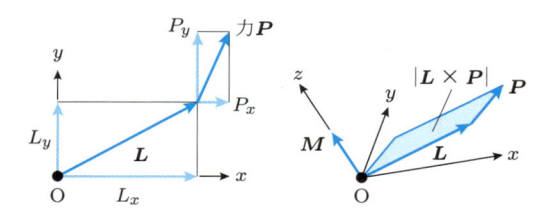

図 6.15　斜めに作用する力による回転

$$M = (L_x \ L_y \ 0) \times (P_x \ P_y \ 0) = (0 \ 0 \ L_x P_y - L_y P_x) \tag{6.13}$$

z 軸方向に値があるが，これは回転軸の方向を表している．値の正負は回転方向を示し，ベクトル L からベクトル P に向けて右ねじを回したときに進む方向が z 軸の正方向であれば，プラスの値をとる．外積の値の絶対値は，L と P で構成される平行四辺形の面積と等しい．L と P が同じ向きであれば物体は回転せず，外積も零ベクトル（すべての成分が 0 のベクトル）になる．

例題 6.3 図 6.16 の物体に力 P が作用した．原点 O を中心に回転する場合，力のモーメントを求めよ．力は $P = (1\,\text{kN} \ 1\,\text{kN} \ 1\,\text{kN})$ とする．

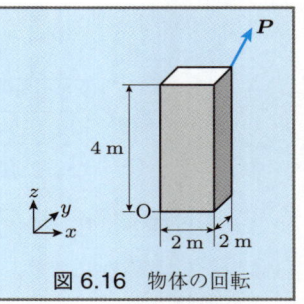

図 6.16 物体の回転

解 原点 O から力の作用点へのベクトルは，

$L = (2\,\text{m} \ 2\,\text{m} \ 4\,\text{m})$

である．したがって，力のモーメントは，

$L \times P = (2 \times 1 - 4 \times 1 \ \ 4 \times 1 - 2 \times 1 \ \ 2 \times 1 - 2 \times 1)$

$\qquad\quad = (-2\,\text{kN·m} \ \ 2\,\text{kN·m} \ \ 0)$

となる．z 軸成分が 0 になるので，z 軸まわりには回転しないこともわかる．

6.3 行列の演算

　ここでは，行列の基本的な演算について説明する．行列の演算に関する定義を理解している人は説明部分を飛ばして，Excel による計算方法だけを読んでもらって構わない．

6.3.1 行列の足し算と引き算

　行列の足し算と引き算は，お互いの行数 m と列数 n が同じ $m \times n$ 行列どうしで定義される．行列ごとに足し算あるいは引き算を行う．例として 2 行 3 列の行列 A と行列 B を足して，行列 C を作る足し算を考える．まず，具体的な場面を想定して考えていくことにする．

　ある企業の支店 A と支店 B の，ある年度前半期における商品 x, y, z の売り上げ個

表 6.1

支店 A	商品 x	商品 y	商品 z
前半期	1	2	3
後半期	4	5	6

支店 B	商品 x	商品 y	商品 z
前半期	2	1	2
後半期	1	1	3

数が表 6.1 のようであった．

二つの支店の売り上げ個数の合計を求めるには，二つの表のそれぞれ同じ行，同じ列の数字を加えればよい．

表 6.2

支店 A ＋支店 B	商品 x	商品 y	商品 z
前半期	$1+2=3$	$2+1=3$	$3+2=5$
後半期	$4+1=5$	$5+1=6$	$6+3=9$

これが行列の足し算である．つまり，それぞれの行列の成分どうしを足し合わせればよい．引き算も同様で，それぞれの成分どうしを引けばよい．

それでは，これを Excel を使って実行してみる．支店 A の売り上げ個数の表を行列 $\boldsymbol{A}$，支店 B の売り上げ個数の表を行列 $\boldsymbol{B}$ とする．

$$\boldsymbol{A} = \begin{pmatrix} 1 & 2 & 3 \\ 4 & 5 & 6 \end{pmatrix}, \quad \boldsymbol{B} = \begin{pmatrix} 2 & 1 & 2 \\ 1 & 1 & 3 \end{pmatrix}$$

とし，

$$\boldsymbol{C} = \begin{pmatrix} 1+2 & 2+1 & 3+2 \\ 4+1 & 5+1 & 6+3 \end{pmatrix} = \begin{pmatrix} 3 & 3 & 5 \\ 5 & 6 & 9 \end{pmatrix}$$

の計算を Excel で行う．下図のように入力して，A5〜C6 セルの六つを選択する．

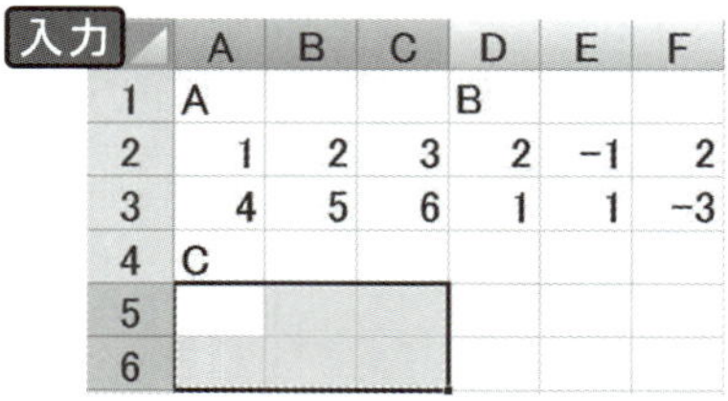

図 6.17

六つのセルを選択したままで `=A2:C3+D2:F3` と入力し，Shift キーと Ctrl キーを押しながら Enter キーを押す（Shift+Ctrl+Enter）と，行列の計算をしてくれる．普通

に Enter キーを押すだけでは正しく計算されないので注意する．A2:C3 と入力する代わりに，A2〜C3 セルをマウスで選択してもよい．D2:F3 も同様に，マウスによる選択でもよい．

6.3.2 行列のかけ算

行列にスカラー量をかけるには，行列の各成分にスカラー量をかければよい．たとえば，ある行列 A を3倍するのであれば，A の各成分を3倍すればよい．6.3.1 項の例で考えれば，支店 A が次年度に向けて実績の3倍の売り上げ目標を立てることを想定すれば，次年度の目標値は次式で表される．

$$3 \times A = \begin{pmatrix} 3\times 1 & 3\times 2 & 3\times 3 \\ 3\times 4 & 3\times 5 & 3\times 6 \end{pmatrix} = \begin{pmatrix} 3 & 6 & 9 \\ 12 & 15 & 18 \end{pmatrix}$$

次に，行列どうしのかけ算を考えよう．6.3.1 項の例で，各商品の販売価格は商品 x が 50 万円，商品 y が 20 万円，商品 z が 10 万円，各商品が一つ売れたときの利益はそれぞれ 10 万円，5 万円，2 万円だったとする．各商品の売り上げと利益はいくらだろうか．この計算が，行列と行列のかけ算で表される．

表 6.3

A 支店	商品 x	商品 y	商品 z
前半期	① 1	② 2	③ 3
後半期	④ 4	⑤ 5	⑥ 6

	販売価格	利益
商品 x	⑦ 50 万円	⑩ 10 万円
商品 y	⑧ 20 万円	⑪ 5 万円
商品 z	⑨ 10 万円	⑫ 2 万円

前半期で考えてみよう．商品 x は 1 個売れたので，販売価格 50 万円 × 1 個 = 50 万円 の売り上げ，利益 10 万円 × 1 個 = 10 万円 の利益になる．商品 y は 2 個なので，20 万円 × 2 個 = 40 万円 の売り上げ，5 万円 × 2 個 = 10 万円 の利益になる．これらのかけ算の対応を見ると，上の表の丸数字を使って，① × ⑦，② × ⑧，③ × ⑨ が売り上げ，① × ⑩，② × ⑪，③ × ⑫ が利益の計算になる．表の欄の対応が複雑に思えるかもしれないが，これを一般化して表現すると次のようになる．

行列どうしのかけ算は m 行 n 列の行列 A と，n 行 p 列の行列 B の積として定義され，結果は m 行 p 列の行列 C になる．一つ一つの成分で考えると，A の i 行ベクトルと，B の j 列ベクトルとの内積が，C の i 行 j 列の成分になる．行列とベクトル，あるいはベクトルと行列の積も同じように定義される（行列の行数や列数を表す m や n や p が 1 の場合を考えればよい）．

$$A = \begin{pmatrix} a_{11} & a_{12} & \cdots & a_{1k} & \cdots & a_{1n} \\ a_{21} & a_{22} & \cdots & a_{2k} & \cdots & a_{2n} \\ \vdots & \vdots & & \vdots & & \vdots \\ a_{i1} & a_{i2} & \cdots & a_{ik} & \cdots & a_{in} \\ \vdots & \vdots & & \vdots & \ddots & \vdots \\ a_{m1} & a_{m2} & \cdots & a_{mk} & \cdots & a_{mn} \end{pmatrix}, \quad B = \begin{pmatrix} b_{11} & b_{12} & \cdots & b_{1j} & \cdots & b_{1p} \\ b_{21} & b_{22} & \cdots & b_{2j} & \cdots & b_{2p} \\ \vdots & \vdots & & \vdots & & \vdots \\ b_{k1} & b_{k2} & \cdots & b_{kj} & \cdots & b_{kp} \\ \vdots & \vdots & & \vdots & \ddots & \vdots \\ b_{n1} & b_{n2} & \cdots & b_{nj} & \cdots & b_{np} \end{pmatrix}$$

のとき，A と B の積 $C = AB$ で表される C の i 行 j 列の成分は，次式で表される．

$$C = \begin{pmatrix} a_{11} & a_{12} & \cdots & a_{1k} & \cdots & a_{1n} \\ a_{21} & a_{22} & \cdots & a_{2k} & \cdots & a_{2n} \\ \vdots & \vdots & & \vdots & & \vdots \\ \boxed{a_{i1} \quad a_{i2} \quad \cdots \quad a_{ik} \quad \cdots \quad a_{in}} \\ \vdots & \vdots & & \vdots & & \vdots \\ a_{m1} & a_{m2} & \cdots & a_{mk} & \cdots & a_{mn} \end{pmatrix} \begin{pmatrix} b_{11} & b_{12} & \cdots & \boxed{b_{1j}} & \cdots & b_{1p} \\ b_{21} & b_{22} & \cdots & b_{2j} & \cdots & b_{2p} \\ \vdots & \vdots & & \vdots & & \vdots \\ b_{k1} & b_{k2} & \cdots & b_{kj} & \cdots & b_{kp} \\ \vdots & \vdots & & \vdots & \ddots & \vdots \\ b_{n1} & b_{n2} & \cdots & b_{nj} & \cdots & b_{np} \end{pmatrix}$$

$$= \begin{pmatrix} c_{11} & c_{12} & \cdots & c_{1j} & \cdots & c_{1p} \\ c_{21} & c_{22} & \cdots & c_{2j} & \cdots & c_{2p} \\ \vdots & \vdots & & \vdots & & \vdots \\ c_{i1} & c_{i2} & \cdots & \boxed{c_{ij}} & \cdots & c_{ip} \\ \vdots & \vdots & & \vdots & \ddots & \vdots \\ c_{m1} & c_{m2} & \cdots & c_{mj} & \cdots & c_{mp} \end{pmatrix}$$

$$c_{ij} = a_{i1} \times b_{1j} + a_{i2} \times b_{2j} + \cdots + a_{in} \times b_{nj} = \sum_{k=1}^{n} (a_{ik} \times b_{kj}) \tag{6.14}$$

なお，一般的には，行列の積は交換法則が成り立たない．

$$AB \neq BA \tag{6.15}$$

そして，$AB = BA$ になる場合には，A と B は可換であるという．

　行列の演算は，はじめは煩雑に思えるかもしれないが，計算規則に従って機械的に計算すれば，大規模な計算もできるのが大きな長所である．人間には煩雑に思えても，コンピュータは規則さえ与えられれば，いくら大規模な計算も簡単にこなす．行列とベクトルは，コンピュータによる数値解析にはなくてはならないものである．

例題 6.4

$A = \begin{pmatrix} 1 & 2 \\ 3 & 4 \end{pmatrix}, B = \begin{pmatrix} -1 & 2 \\ 1 & -3 \end{pmatrix}, e = \begin{pmatrix} 1 \\ 2 \end{pmatrix}$ のとき，次の計算をせよ．

(1) $C = AB$ 　　(2) $D = BA$ 　　(3) $f = Ae$

解

(1) $C = AB = \begin{pmatrix} 1 & 2 \\ 3 & 4 \end{pmatrix} \begin{pmatrix} -1 & 2 \\ 1 & -3 \end{pmatrix} = \begin{pmatrix} 1\times(-1)+2\times 1 & 1\times 2+2\times(-3) \\ 3\times(-1)+4\times 1 & 3\times 2+4\times(-3) \end{pmatrix}$

$= \begin{pmatrix} 1 & -4 \\ 1 & -6 \end{pmatrix}$

(2) $D = BA = \begin{pmatrix} -1 & 2 \\ 1 & -3 \end{pmatrix} \begin{pmatrix} 1 & 2 \\ 3 & 4 \end{pmatrix} = \begin{pmatrix} (-1)\times 1+2\times 3 & (-1)\times 2+2\times 4 \\ 1\times 1+(-3)\times 3 & 1\times 2+(-3)\times 4 \end{pmatrix}$

$= \begin{pmatrix} 5 & 6 \\ -8 & -10 \end{pmatrix}$

(3) $f = Ae = \begin{pmatrix} 1 & 2 \\ 3 & 4 \end{pmatrix} \begin{pmatrix} 1 \\ 2 \end{pmatrix} = \begin{pmatrix} 1\times 1+2\times 2 \\ 3\times 1+4\times 2 \end{pmatrix} = \begin{pmatrix} 5 \\ 11 \end{pmatrix}$

このように，(1), (2) の答えが異なり，交換法則が成り立たないことが確認できる．■

Excel では，MMULT( ) という関数を利用すると行列やベクトルのかけ算ができる．2 行 3 列の行列 D と 3 行 4 列の行列 E をかけて，2 行 4 列の行列 F を作るかけ算を考える．

$$D = \begin{pmatrix} 1 & 2 & 3 \\ 4 & 5 & 6 \end{pmatrix}, \quad E = \begin{pmatrix} 1 & -1 & 2 & -3 \\ 3 & 1 & 2 & 0 \\ 0 & 2 & 4 & 1 \end{pmatrix}$$

とし，

$$F = DE = \begin{pmatrix} 1 & 2 & 3 \\ 4 & 5 & 6 \end{pmatrix} \begin{pmatrix} 1 & -1 & 2 & -3 \\ 3 & 1 & 2 & 0 \\ 0 & 2 & 4 & 1 \end{pmatrix} = \begin{pmatrix} 7 & 7 & 18 & 0 \\ 19 & 13 & 42 & -6 \end{pmatrix}$$

の計算を Excel で実行する．図 6.18 のように入力して，A6～D7 セルの八つを選択する．

A6～D7 セルを選択したまま，=MMULT(A2:C3, D2:G4) と入力して Shift+Ctrl+

図 6.18

Enter キーとする．これによって，A6〜D7 セルに行列のかけ算をした結果が表示される[1]．

行列やベクトルを使うと，いろいろ便利な計算が簡単にできるようになる．ここでは，行列を使ったベクトルの回転について考えてみよう．

図 6.19 のように，大きさ r のベクトル $\boldsymbol{a}$ を反時計回りに角度 θ 回転させることを考える．$\boldsymbol{a}$ が x 軸に対して α 傾いていたとすれば，その成分 x_1, y_1 は次のように表される．

$$\boldsymbol{a} = (x_1 \quad y_1) = (r\cos\alpha \quad r\sin\alpha)$$

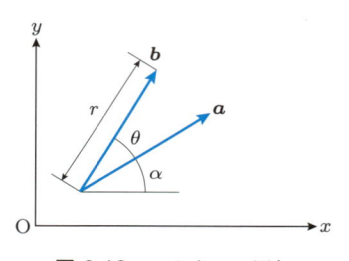

図 6.19　ベクトルの回転

回転後のベクトルを $\boldsymbol{b}$ とすれば，その成分 x_2, y_2 は次のようになる．

$$\boldsymbol{b} = (x_2 \quad y_2) = (r\cos(\alpha+\theta) \quad r\sin(\alpha+\theta))$$

三角関数の加法定理を使って式変形する．

$$\boldsymbol{b} = (r\cos\alpha\cos\theta - r\sin\alpha\sin\theta \quad r\sin\alpha\cos\theta + r\cos\alpha\sin\theta)$$
$$= (x_1\cos\theta - y_1\sin\theta \quad x_1\sin\theta + y_1\cos\theta)$$

---

[1] Excel で行列として計算した結果は，一部のセルだけ内容を変更することができない．行列として取り扱った複数のセル全体を削除し，計算し直す必要がある．

6.3 行列の演算

これを行列とベクトルの積で表現すれば，次のようになる．

$$\boldsymbol{b} = \begin{pmatrix} x_2 \\ y_2 \end{pmatrix} = \begin{pmatrix} x_1 \cos\theta - y_1 \sin\theta \\ x_1 \sin\theta + y_1 \cos\theta \end{pmatrix} = \begin{pmatrix} \cos\theta & -\sin\theta \\ \sin\theta & \cos\theta \end{pmatrix} \begin{pmatrix} x_1 \\ y_1 \end{pmatrix} = \boldsymbol{T a}$$

ただし，

$$\boldsymbol{T} = \begin{pmatrix} \cos\theta & -\sin\theta \\ \sin\theta & \cos\theta \end{pmatrix} \tag{6.16}$$

である．この行列 $\boldsymbol{T}$ を回転行列という．回転行列を 2 次元ベクトルに左からかけることにより，ベクトルを回転させることができる．

例題 6.5 図 6.20 の OA を結ぶベクトル $\boldsymbol{a} = (4\ 0)$ を，反時計回りに 30° 回転させた場合のベクトル $\overrightarrow{\mathrm{OB}} = \boldsymbol{b}$ を考え，点 B の座標を求めよ．

図 6.20 ベクトルの回転

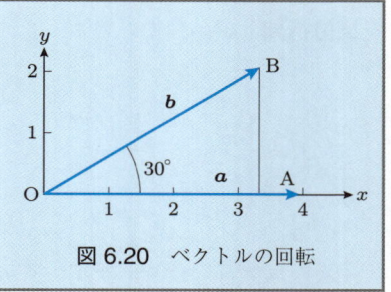

解 B1 セルに回転させる角度 30 を入力する．B2 セルに，それをラジアン単位に変換した値を入れる．式 (6.16) の回転行列 $\boldsymbol{T}$ を D1～E2 セルに，ベクトル $\boldsymbol{a}$ の成分を G1, G2 セルに入力する．

入力	A	B	C	D	E	F	G
1	theta	30	T	=COS(B2)	=-SIN(B2)	a	4
2		=RADIANS(B1)		=SIN(B2)	=COS(B2)		0

図 6.21

次に，D1～E2 セルの $\boldsymbol{T}$ と G1, G2 セルの $\boldsymbol{a}$ をかける．I1, I2 セルを選択し，=MMULT(D1:E2,G1:G2) とかけ算の式を入力して，Shift+Ctrl+Enter とする．

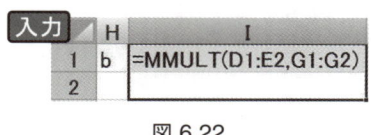

入力	H	I
1	b	=MMULT(D1:E2,G1:G2)
2		

図 6.22

これで点 B の座標が求められた．同じ問題を図形的に考えれば，図 6.14 で |OB| = |OA| = 4

であるから，点 B の座標は $(x\ y) = (4\cos 30°\ 4\sin 30°) = (2\sqrt{3}\ 2) = (3.464\ 2)$ となるはずである．I1, I2 セルの値がそのようになっているか確認してほしい．

結果	A	B	C	D	E	F	G	H	I
1	theta		30	T	0.866	−0.5	a	4	b	3.464
2		0.524		0.5	0.866		0		2

図 6.23

6.3.3 単位行列と逆行列

行数 n と列数 n が同じ行列を，n 次正方行列という．その i 行 i 列 $(i = 1, 2, \cdots, n)$ の成分を対角成分という．対角成分がすべて 1 で，それ以外の成分がすべて 0 の行列を**単位行列**といい，$\boldsymbol{I}$ で表す．

$$\boldsymbol{I} = \begin{pmatrix} 1 & 0 & \cdots & 0 \\ 0 & 1 & \cdots & 0 \\ \vdots & \vdots & \ddots & \vdots \\ 0 & 0 & \cdots & 1 \end{pmatrix} \tag{6.17}$$

n 次の単位行列は，n 次正方行列 $\boldsymbol{A}$ に対して次式が成り立つ．

$$\boldsymbol{AI} = \boldsymbol{IA} = \boldsymbol{A} \tag{6.18}$$

また，$\boldsymbol{AB} = \boldsymbol{BA} = \boldsymbol{I}$ が成り立つ行列 $\boldsymbol{B}$ が存在するとき，$\boldsymbol{A}$ を正則行列，$\boldsymbol{B}$ を $\boldsymbol{A}$ の**逆行列**といい，$\boldsymbol{A}^{-1}$ で表す．

$$\boldsymbol{A}\boldsymbol{A}^{-1} = \boldsymbol{A}^{-1}\boldsymbol{A} = \boldsymbol{I} \tag{6.19}$$

逆行列は，必ずしも存在するとは限らない．

例題 6.6 行列 $\boldsymbol{A} = \begin{pmatrix} 1 & 2 \\ 3 & 4 \end{pmatrix}$ の逆行列を求めよ．

解 Excel に $\boldsymbol{A}$ の成分を次のように入力する．

入力	A	B	C	D	E	F
1	A	1	2	A(−1)		
2		3	4			

図 6.24

E1〜F2 セルを選択し，=MINVERSE(B1:C2) という式を入力したうえで，Shift+Ctrl+Enter とする．MINVERSE( ) は逆行列を求める関数である．

図 6.25

B1〜C2 セルの $\boldsymbol{A}$ と E1〜F2 セルの $\boldsymbol{A}^{-1}$ をかけると，単位行列になることを確認しておこう．H1〜I2 セルを選択し，=MMULT(B1:C2, E1:F2) と入力したうえで，Shift+Ctrl+Enter とする．

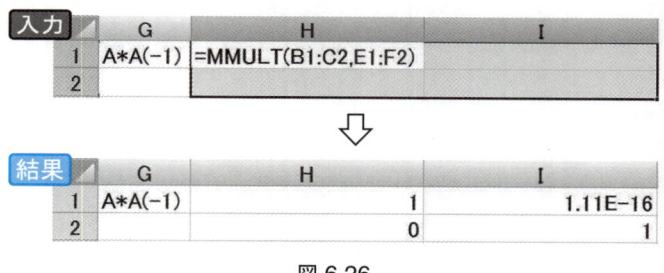

図 6.26

H1〜I2 セルは，ほぼ単位行列になるはずである．1.11E-16 ($= 1.11 \times 10^{-16}$) のような数字が表示される場合もあるが，これは計算誤差であり，ほぼ 0 と見なせる．

2 次正方行列の逆行列は，次の公式でも求められる．

$$\boldsymbol{A} = \begin{pmatrix} a & b \\ c & d \end{pmatrix}$$

に対して，$ad - bc \neq 0$ であれば，式 (6.20) が逆行列になる．

$$\boldsymbol{A}^{-1} = \frac{1}{ad - bc} \begin{pmatrix} d & -b \\ -c & a \end{pmatrix} \tag{6.20}$$

式 (6.20) が逆行列になることは，

$$\boldsymbol{A}^{-1} \boldsymbol{A} = \frac{1}{ad - bc} \begin{pmatrix} d & -b \\ -c & a \end{pmatrix} \begin{pmatrix} a & b \\ c & d \end{pmatrix} = \frac{1}{ad - bc} \begin{pmatrix} ad - bc & bd - bd \\ ac - ac & ad - bc \end{pmatrix}$$
$$= \begin{pmatrix} 1 & 0 \\ 0 & 1 \end{pmatrix}$$

という計算で確認できる．【例題 6.6】の行列 A に対してこの計算をすると，

$$A^{-1} = \frac{1}{1 \times 4 - 2 \times 3} \begin{pmatrix} 4 & -2 \\ -3 & 1 \end{pmatrix} = \begin{pmatrix} -2 & 1 \\ 1.5 & -0.5 \end{pmatrix}$$

となり，Excel の計算結果と整合する．

$ad - bc = 0$ であれば，その行列には逆行列が存在しない．$ad - bc$ を行列式といい，$|A|$ あるいは $\det(A)$ と表す．行列式が 0 の正方行列を特異行列という．Excel で，逆行列が存在しない行列に対して MINVERSE( ) 関数を使うと，#NUM! というエラーが表示される．

演習問題

6.1 ベクトル，$a = (2\ 0\ 1), b = (1\ 2\ 0)$ に対して，以下を計算せよ．
 (1) 内積 $a \cdot b$ (2) 外積 $a \times b$ (3) 外積 $b \times a$

6.2 ベクトル $a = (1\ 2\ 3), b = (1\ 0\ 1)$ に対して，以下を計算せよ．
 (1) 内積 $a \cdot b$ (2) 外積 $a \times b$

6.3 二つのベクトル $a = (-3\ 2\ -1), b = (1\ 0\ 1)$ に直交し，大きさが b と等しいベクトルを求めよ．

6.4 二つのベクトル $a = (2\ 1\ 1), b = (1\ 2\ 4)$ に直交し，大きさが内積 $a \cdot b$ と等しいベクトルを求めよ．

6.5 行列 $A = \begin{pmatrix} 1 & 2 & 0 & 1 \\ 2 & 3 & 7 & 0 \\ 1 & 4 & 5 & 8 \end{pmatrix}$ とベクトル $b = \begin{pmatrix} 3 \\ -1 \\ 4 \\ -1 \end{pmatrix}$ の積を計算せよ．

6.6 行列 $A = \begin{pmatrix} 1 & 3 & 2 \\ 9 & 1 & 8 \\ -1 & -5 & -3 \end{pmatrix}$ とベクトル $b = \begin{pmatrix} 1 \\ 2 \\ -1 \end{pmatrix}$ の積を計算せよ．

6.7 二つの行列 $A = \begin{pmatrix} 1 & 2 & 3 \\ 2 & 5 & 7 \\ 3 & 7 & 4 \end{pmatrix}, B = \begin{pmatrix} 2 & 0 & 1 \\ 0 & 3 & 2 \\ 1 & 2 & 3 \end{pmatrix}$ の積を計算せよ．また，A の逆行列を求めよ．

6.8 行列 $A = \begin{pmatrix} 1 & 2 & 0 & 1 \\ 2 & 3 & 7 & 0 \\ 1 & 4 & 5 & 8 \end{pmatrix}$ と，A の転置行列（行と列を入れ替えた行列）$A^T =$

$$\begin{pmatrix} 1 & 2 & 1 \\ 2 & 3 & 4 \\ 0 & 7 & 5 \\ 1 & 0 & 8 \end{pmatrix}$$ の積を計算せよ．

6.9 行列 $A = \begin{pmatrix} 1 & 2 \\ 3 & 4 \end{pmatrix}$ のとき，A^3 を計算せよ．

6.10 x-y 平面において，原点 O(0,0) から点 A(4,1) に向かうベクトル $\boldsymbol{a}$ を，原点を中心に $40°$ 回転させたベクトルを $\boldsymbol{b}$ とする．$\boldsymbol{b} = \overrightarrow{\mathrm{OB}}$ とした場合，点 B の座標を求めよ．

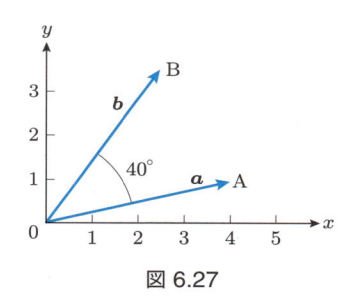

図 6.27

Column　ベクトルや行列の記号

　ベクトル，行列に関していろいろな表記方法があると説明してきたが，一つの文書の中では使用方法を統一する必要がある．読者が目にするであろう教科書や資料，論文なども，表記方法は統一されている．今後，自分でレポートなどにベクトルや行列を書く際には，必ず統一して記述することを心がけてほしい．理工系の文書は，相手に意味が正しく伝わらないと，場合によっては人の命にも関わる．数字だけでなく，記号や単位の間違いにも気をつけよう．

7 微分方程式

現象を数値的に再現することを数値シミュレーションという（simulation なのでシュミレーションではない）．シミュレーションでは物体の状態変化を調べることが多いため，ある変数がどのように変化するか，変化の様子を式で表現することになる．変数の変化率は微分で表されるため，シミュレーションには微分方程式を使うことが多い．一つの変数の変化を表現した式を常微分方程式，複数の変数について変化を表現した式を偏微分方程式という．

7.1 常微分方程式

7.1.1 オイラー法

微分方程式を数値的に解く一番簡単な方法は，現象の変化率が微小時間（たとえば 0.1 s）の間，一定だと仮定する方法である．これをオイラー法（Leonhard Euler，スイス，1707–1783）という．

例題 7.1 点 A（座標を 0,0 とする）からボールを投げて，100 m 離れた点 B の的に当てるシミュレーションをする Excel 表を作れ．

解 **問題の整理** 水平方向（右向きを正）の位置を x，鉛直方向（上向きを正）の位置を y とする．重力加速度を g とすれば，t [s] における質量 m のボールの位置 (x, y) は，次の微分方程式で表される．

$$m\frac{d^2x}{dt^2} = 0 \tag{7.1}$$

$$m\frac{d^2y}{dt^2} = -mg \tag{7.2}$$

これを運動方程式という．水平方向には何も力を受けず，鉛直方向には重力が作用することを表した式である．両辺を m で割って簡単にしよう．

$$\frac{d^2x}{dt^2} = 0 \tag{7.3}$$

$$\frac{d^2y}{dt^2} = -g \tag{7.4}$$

代数的にこれらの微分方程式を解くには，積分して x, y の式を求めることになる．数値解析では微小時間，たとえば $\Delta t = 0.1$ s 後の状態を計算し，次にその Δt [s] 後の状態を計算

し，…と計算を進めていく．Δt [s] 間，変位や速度の変化率が一定だと仮定すれば，次のように表現することができる．以下，表記を簡単にするため，時間による微分記号にドットを使って，$\dot{x} \equiv dx/dt, \ddot{x} \equiv d^2x/dt^2$ と書くことにする．

$$x(t + \Delta t) = x(t) + \dot{x}(t) \cdot \Delta t \tag{7.5}$$

$$y(t + \Delta t) = y(t) + \dot{y}(t) \cdot \Delta t \tag{7.6}$$

$$\dot{x}(t + \Delta t) = \dot{x}(t) + \ddot{x}(t) \cdot \Delta t \tag{7.7}$$

$$\dot{y}(t + \Delta t) = \dot{y}(t) + \ddot{y}(t) \cdot \Delta t \tag{7.8}$$

これらの式は，時速 40 km で 2 時間走れば 80 km 進むことができるという考え方と同じである．

Δt [s] 後の変位 =（現在の変位）+（現在の変位の変化率 = 速度）× Δt

Δt [s] 後の速度 =（現在の速度）+（現在の速度の変化率 = 加速度）× Δt

未知数は水平方向と鉛直方向，それぞれ Δt [s] 後の変位，速度，加速度の三つ（計六つ）であり，式 (7.5)～(7.8) の四つと，式 (7.3), (7.4) の運動方程式から得られる次の二つの式，

$$\ddot{x}(t) = \ddot{x}(t + \Delta t) = 0 \tag{7.9}$$

$$\ddot{y}(t) = \ddot{y}(t + \Delta t) = -g \tag{7.10}$$

を組み合わせれば，時刻 $t + \Delta t$ における状態を計算できる．式 (7.7), (7.9) より，水平方向の速度は最初の値から変化しないこと（ニュートンの第 1 法則）がわかる．また，式 (7.10) を式 (7.8) に代入すれば，

$$\dot{y}(t + \Delta t) = \dot{y}(t) - g \cdot \Delta t \tag{7.11}$$

となる．

条件の設定 微分方程式には，多くの解が存在する．その中から，考えている現象（問題）に適した解を見つけるためには，何らかの条件を設ける必要がある．その一つは初期条件であり，もう一つは境界条件である．

- 初期条件：時間に関する式の場合，最初の時刻における解の値，あるいは解の時間的変化率を指定する．
- 境界条件：位置に関する式の場合，考えている空間の境界における解の値，あるいは解の空間的変化率を指定する．

この例題の式は時間に関する微分方程式なので，初期条件が必要である．初期条件としては，点 A（座標 0,0）から図 7.1 のように，初速度 v，角度 θ でボールを投げ上げることを表現する．

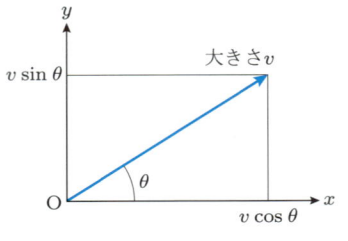

図 7.1　初速度の方向

$$x(0)=0, \quad y(0)=0, \quad \dot{x}(0)=v\cos\theta, \quad \dot{y}(0)=v\sin\theta \tag{7.12}$$

AB 間の距離 $L=100\,\mathrm{m}$ とし，点 B にある的は高さ $h=10\,\mathrm{m}$ の垂直に立てた板だとする．まず，的を表示するグラフを作る．新しいシートを選んで，次のように入力する．

	A	B	C	D	E
1	初速度	30	m/s	枠	
2	角度	50	度	0	=B3
3	長さ	100	m	0	0
4	的の下	0	m	=B3	0
5	的の上	10	m	的	
6				=B3	=B4
7				=B3	=B5
8				ボール	
9				0	0

図 7.2

グラフの作成　D2〜E4 セル（図 7.2 の青い線の範囲）を選んで，「挿入」メニューからグラフの「散布図」を選び，「散布図（直線）」のグラフを描く．横軸の 120 という文字のあたりをダブルクリックして，「軸の書式設定」メニューを表示し，「軸のオプション」で最小値と最大値に 0 と 120 を入力し直すことで値を固定する．次に，縦軸の 120 という文字付近をダブルクリックして縦軸の書式設定メニューを表示し，同じく「軸のオプション」で最小値と最大値に 0 と 120 を入力し直して固定する．こうして軸を固定しておかないと，ボールの進行に伴って背景が動いて見える．

次に，的とボールをグラフに追加する．グラフを右クリックし，「データの選択」を選ぶ．現れたメニューの「追加」というボタンをクリックすると，図 7.3 のメニューが表示される．

系列名は右端の ▥ マークを押し，D5 セルを選択して Enter キーを押す．系列 X の値は右端の ▥ マークを押し D6〜D7 セルを選択して Enter キーを押し，系列 Y の値も ▥ マークを押し E6〜E7 セルを選択して Enter キーを押す．さらに，もう一度系列の追加ボタンを押し，ボールを追加する．系列名は右端の ▥ マークを押し D8 セルを選択して Enter キーを押す．系列 X の値は右端の ▥ マークを押し D9 セルを選択して Enter キーを押し，系列 Y の値も ▥ マークを押し E9 セルを選択して Enter キーを押す．OK ボタンを押し

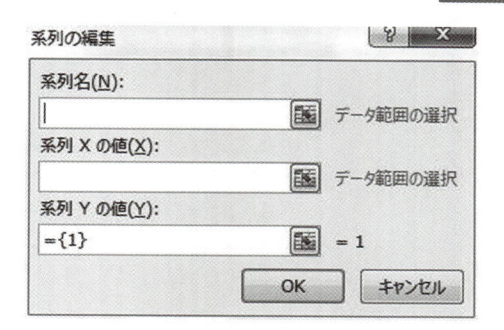

図 7.3　系列の編集画面

てグラフに戻る．これでボールが追加されているが，この段階ではマーカーがないので見えない．グラフツール・メニューの書式メニューを選び，左上の「グラフエリア」となっている箇所から「系列"ボール"」を選ぶ（図 7.4）．表示される「データ系列の書式設定」メニューから「線なし」を選ぶ（図 7.5）．

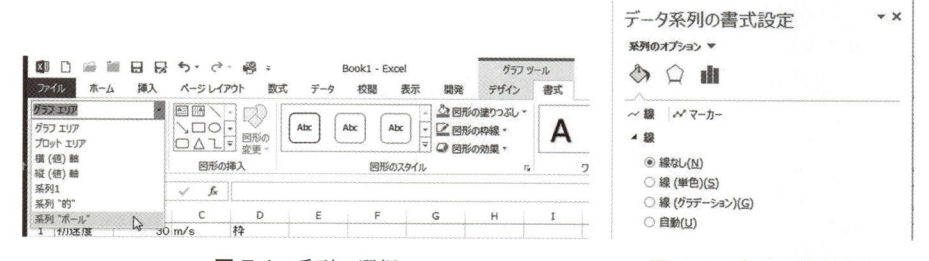

図 7.4　系列の選択　　　　　　　図 7.5　系列の書式設定

次に，「データ系列の書式設定」メニューの「マーカー」という文字をクリックしてマーカーのオプションを表示する（図 7.6）．マーカーの種類を「組み込み」にし，自分の好きな形と色にして OK を押す．これで原点にボールが置かれているのが見えるようになる（図 7.7）．

マクロの作成　「表示」メニューの「マクロ」を選ぶ．マクロ名に game と入れる．「作成」ボタンをクリックすると，VBA の編集画面が表示される．VBA の編集画面でプログラムを入力していく．

- 方針 1：ボールが地面に落ちる（y<=0）か，点 B を通り過ぎる（x>L+10）までを 0.01 s 間隔で計算する．
- 方針 2：点 B を通り過ぎる際，高さが的の一番上より低く（<=h2）かつ一番下より高い（>=h1）かをチェックする．当たりの判定をし，「当たり」か「はずれ」かを，メッセージボックスに表示する．

方針 1 により繰り返し計算をするが，繰り返し回数がわからないので For〜Next は使えない．そこで，条件が満足されている間ずっと繰り返すという Do While〜Loop という形式を

図 7.6　マーカーのオプション

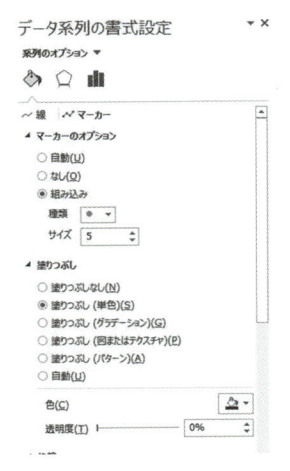

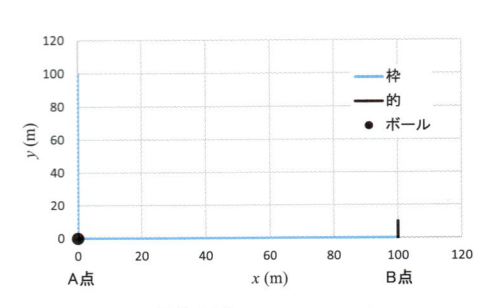

図 7.7　放物運動のシミュレーション

使うことにする．

　また，的に当たったかどうか，点 B に到達したかどうかは，Boolean という形式の変数に覚えさせることにする．Boolean とは，真（True）か偽（False）かの 2 種類の状態だけを記憶する変数である．最初の Dim という宣言で，変数の種類を指定することができる．

　判定にあたり，「A かつ B」という判断は，And を使う．

　　　If（条件 A And 条件 B）Then

これを利用して，ボールの高さ yL が，的の範囲（yL が h1 以上で，かつ yL が h2 以下）かどうかを判定する．以上は「>=」，以下は「<=」を使う．

　なお，的を通過した時点のボールの高さ yL は，改めて計算する必要がある．前ステップの位置が（xb, yb）で，現ステップの位置が（x, y）になったときにはじめて点 B を越えた（x>=L）とする．デジタル情報のため，前ステップから現ステップに至る途中の情報はない．そこで，ちょうど点 B を通過したときの高さを，図 7.8 のように 3.2.1 項で説明した線形補間で求めることにする．

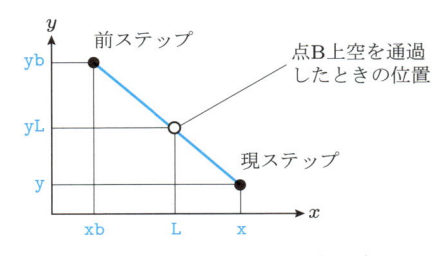

図 7.8　点 B を通過したときの高さ

7.1 常微分方程式

マクロ 7.1

`Dim hit As Boolean`	◀「当たり」の判定を覚える変数.
`Dim arrival As Boolean`	◀点 B に到達したかどうかを覚える変数.
`hit = False: arrival = False`	◀どちらも「False（偽）」としておく.
`v = [B1]`	◀v は B1 セルに入っている初速度.
`theta = 3.14 * [B2] / 180`	◀theta は B2 セルの投げ上げ角度（π をかけて 180 で割り，ラジアンに変換）.
`L = [B3]`	◀L は点 B までの距離.
`h1 = [B4]`	◀h1 は的の一番下の高さ.
`h2 = [B5]`	◀h2 は的の一番上の高さ.
`g = 9.8`	◀g は重力加速度 $9.8\,\mathrm{m/s^2}$.
`vx = v * Cos(theta)`	◀式 (7.12) の初速度の x 方向成分.
`vy = v * Sin(theta)`	◀式 (7.12) の初速度の y 方向成分.
`x = 0 : y = 0`	◀式 (7.12) のボールの座標 (x,y) の初期値.
`xb = 0 : yb = 0`	◀前ステップの位置を覚える変数を初期化.
`Calculate`	◀グラフを描画.
`dt = 0.01`	◀dt は計算する時間刻み Δt [s].
`Do While (y >= 0)`	◀空中にある間（y>=0），何度でも繰り返す.
`  x = x + vx * dt`	◀式 (7.5) の x 座標の計算.
`  y = y + vy * dt`	◀式 (7.6) の y 座標の計算.
`  vy = vy - g * dt`	◀式 (7.11) の速度 vy の計算.
`  [D9] = x`	◀D9〜E9 セルに計算した座標を入力.
`  [E9] = y`	
`  Calculate`	◀グラフを再描画.
`  If (arrival = False And x >= L) Then`	◀点 B を最初に越えたとき，次の命令を実行.
`    arrival = True`	◀まず，到達したことを記憶.
`    yL = yb + (y - yb) * (L - xb) / (x - xb)`	◀点 B におけるボールの高さ yL を計算.
`    If ( yL <= h2 And yL >= h1 ) Then`	◀的に当たっているかどうかを判定.
`      hit = True`	◀当たっていれば hit を「True（真）」にする.
`      Exit Do`	◀Do ループの外へ出る.
`    End If`	◀ここまでが当たりの判定.
`  End If`	◀ここまでが点 B に達していたときの命令.
`  If ((x > L + 10) Or (x < 0)) Then`	◀L+10 まで進むと落ちてなくても計算終了.
`    Exit Do`	◀Do ループの外へ出る.
`  End If`	
`  xb = x: yb = y`	◀前ステップにおける座標を記憶.
`Loop`	◀ここまでが地上にある場合の命令.
`If hit Then`	◀もし，当たり（hit が True）なら，
`  MsgBox("当たり")`	◀「当たり」と表示する.
`Else`	◀はずれなら，
`  MsgBox("はずれ")`	◀「はずれ」と表示する.
`End If`	

式 (7.5), (7.6) の計算で, 左辺 ($t + \Delta t$ [s] の値) も右辺 (t [s] の値) も同じ変数名が使われることに注意すること. これは,「=」が数学の等号を意味するのではなく, 代入の意味を表すからである.

なお, 1 行に複数の命令文を書く場合には, x=0 : y=0 のように, コロンを使う. ここでは, 紙面の都合で二つの命令を 1 行に書いた行があるが, 一つ一つ別の行に書いても構わない.

マクロの実行 Excel に戻り,「表示」メニューの「マクロ」を選ぶ. マクロ名から game を選んで「実行」ボタンを押す. このままでは的まで届かないはずである. B1 セルの初速度や B2 セルの角度を変えて実行し, 当たるようにしてみよう. 式 (7.5)～(7.10) には 2 次方程式がないのに, ボールの軌道はちゃんと放物線になっているのが面白いところである. なお, B1 セルや B2 セルの値を変えた場合, 必ず Enter キーを押して値を確定してからマクロを実行する必要がある.

7.1.2 線形加速度法

図 7.9 のような壁にばねでつながれた台車が振動することを考える.

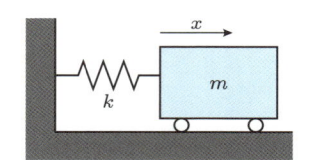

図 7.9 振動する物体

台車の質量を m [kg], ばね定数を k [N/m], ある時刻 t における変位 (位置) を x [m], 1 秒あたりの変位の変化率 = 速度を $\dot{x} = dx/dt$ [m/s], 1 秒あたりの速度の変化率 = 加速度を $\ddot{x} = d^2x/dt^2$ [m/s^2] とする. 台車に作用する力は, ばねによる復元力 kx (フックの法則により, ばね定数と変位に比例) であり, ニュートンの第 2 法則より運動方程式は次式になる.

$$m\ddot{x} = -kx \tag{7.13}$$

移項して,

$$m\ddot{x} + kx = 0 \tag{7.13}'$$

としてもよい. この微分方程式は代数的に解くことができ,

$$x = A\cos\omega t + B\sin\omega t \tag{7.14}$$

が解になる. ただし, $\omega = \sqrt{k/m}$, A, B は初期値によって決まる定数である. 式 (7.14) を時間で微分すると,

$$\dot{x} = -\omega A \sin \omega t + \omega B \cos \omega t \tag{7.15}$$

$$\ddot{x} = -\omega^2 (A \cos \omega t + B \sin \omega t) = -\omega^2 x = -\frac{k}{m}x \tag{7.16}$$

となり，式 (7.13) を満足することが確認できる．式 (7.14) は正弦波で振動する状態を表しており，ω は円振動数と呼ばれる．$\omega \,[\mathrm{rad/s}]$ は質量 m とばね定数 k で決まるため，どんな質量の物をどんな硬さのばねでつなぐかによって，左右に揺れてからもとの位置に戻ってくるまでの周期は決まってしまうことになる．これを固有振動という．どんなに複雑な構造物も，できあがった瞬間に何秒周期で揺れやすいのかという性質は決まってしまうのである．

式 (7.13) を数値的に解くことを考えた場合，7.1.1 項で述べたオイラー法では誤差が大きくなる．なぜなら，オイラー法では，各時間ステップの間に速度や加速度が変化しないと仮定するが，式 (7.14)～(7.16) を見れば明らかなように，微小時間の間にも速度や加速度が変化するからである．

そこで，各時間ステップの間で加速度が直線的（線形的）に変化すると仮定する線形加速度法や，その発展型であるニューマークの β 法などが用いられる．

加速度が線形的に変化すると考えると，加速度の変化率は次式で表される．

$$\dddot{x}(t) = \frac{\ddot{x}(t + \Delta t) - \ddot{x}(t)}{\Delta t} \tag{7.17}$$

これをテイラー展開（3.1 節）の式に入れる．

$$\begin{aligned}
x(t + \Delta t) &= x(t) + \frac{\Delta t}{1!}\dot{x}(t) + \frac{(\Delta t)^2}{2!}\ddot{x}(t) + \frac{(\Delta t)^3}{3!}\dddot{x}(t) + \cdots \\
&\fallingdotseq x(t) + \frac{\Delta t}{1!}\dot{x}(t) + \frac{(\Delta t)^2}{2!}\ddot{x}(t) + \frac{(\Delta t)^3}{3!}\frac{\ddot{x}(t + \Delta t) - \ddot{x}(t)}{\Delta t} \\
&= x(t) + \Delta t \dot{x}(t) + \frac{(\Delta t)^2}{3}\ddot{x}(t) + \frac{(\Delta t)^2}{6}\ddot{x}(t + \Delta t)
\end{aligned} \tag{7.18}$$

$$\begin{aligned}
\dot{x}(t + \Delta t) &= \dot{x}(t) + \frac{\Delta t}{1!}\ddot{x}(t) + \frac{(\Delta t)^2}{2!}\dddot{x}(t) + \cdots \\
&\fallingdotseq \dot{x}(t) + \frac{\Delta t}{1!}\ddot{x}(t) + \frac{(\Delta t)^2}{2!}\frac{\ddot{x}(t + \Delta t) - \ddot{x}(t)}{\Delta t} \\
&= \dot{x}(t) + \frac{\Delta t}{2}\ddot{x}(t) + \frac{\Delta t}{2}\ddot{x}(t + \Delta t)
\end{aligned} \tag{7.19}$$

これら式 (7.18)，(7.19) と，式 (7.13) の運動方程式を組み合わせて使うのが，線形加速度法である．

例題 7.2 図 7.9 で $m = 1\,\text{kg}$, $k = 1\,\text{N/m}$ の場合について, $t = 0$ における初期値を, $x = 1\,\text{m}$, $\dot{x} = 0\,\text{m/s}$ として式 (7.13) を解け.

解 **問題の整理** 解を簡単にするため, 式 (7.13)′ の両辺を m で割って $\omega^2 \equiv k/m$ とおけば, 解きたい式は次のように書ける.

$$\ddot{x} + \omega^2 x = 0 \tag{7.20}$$

式 (7.14) より, 初期条件を満たす解は次式になる.

$$x = \cos \omega t \tag{7.21}$$

式 (7.21) が式 (7.20) を満たし, かつ, 初期条件も満たすことは, $\dot{x} = -\omega \sin \omega t$, $\ddot{x} = -\omega^2 \cos \omega t$, $x(0) = \cos 0 = 1$, $\dot{x}(0) = -\omega \sin 0 = 0$ であることから, 容易に確認することができる.

それでは, 式 (7.20) を線形加速度法で解き, 式 (7.21) と比較してみよう. 変位と速度の計算には, 式 (7.18), (7.19) を用いる. 加速度は, 式 (7.20) を変形して,

$$\ddot{x}(t + \Delta t) = -\omega^2 x(t + \Delta t) \tag{7.22}$$

と表せる. 式 (7.22) に式 (7.18) を代入する.

$$\ddot{x}(t + \Delta t) = -\omega^2 \left\{ x(t) + \Delta t \cdot \dot{x}(t) + \frac{(\Delta t)^2}{3} \ddot{x}(t) + \frac{(\Delta t)^2}{6} \ddot{x}(t + \Delta t) \right\}$$

両辺に $\ddot{x}(t + \Delta t)$ があるので, 左辺に移項して式を整理すると次式が得られる.

$$\ddot{x}(t + \Delta t) = -\omega^2 \frac{x(t) + \Delta t \cdot \dot{x}(t) + \{(\Delta t)^2/3\} \ddot{x}(t)}{1 + \omega^2 (\Delta t)^2/6} \tag{7.23}$$

ここでは, 微小時間 Δt として 0.1 s を考え, 10 s 間の振動を求めることにする.

計算の入力 Excel で以下のように入力する.

入力

	A	B	C	D	E	F
1	時間刻み	時間	理論値	加速度	変位	速度
2	0.1	0				
3	質量m					
4	1					
5	ばね定数k					
6	1					
7	角速度ω					

図 7.10

7.1 常微分方程式

次に，角速度の計算式と，時間 0 s における数字あるいは数式を入れる．`SQRT( )` はルート，`COS( )` はコサイン関数である．ここでは変位の計算値を，式 (7.21) の理論値と比較して精度を見ることにし，理論値という列には $x(t) = \cos\omega t$ を入力する．

0 s において，台車の変位は 1 m，速度は 0 m/s という初期値を入れる．加速度は式 (7.20) より $-\omega^2$ [m/s^2] になる．ω^2, $(\Delta t)^2$ が何度も出てくるので，A10, A12 セルに入れておく．

	A	B	C	D	E	F
1	時間刻み	時間	理論値	加速度	変位	速度
2	0.1	0	=COS($A$8*B2)	=-A10	1	0
3	質量m					
4	1					
5	ばね定数k					
6	1					
7	角速度ω					
8	=SQRT(A6/A4)					
9	ω*ω					
10	=A8*A8					
11	dt*dt					
12	=A2*A2					

図 7.11

次に，時間ステップを一つ進める．時間を表す B3 セルは，前ステップ B2 セルの値に，A2 セルの値を加える．理論値 C3 セルは，C2 セルの内容をそのままコピーすればよい．加速度 (D3 セル) は式 (7.23)，変位 (E3 セル) は式 (7.18)，速度 (F3 セル) は式 (7.19) の内容を入力する．変位と速度の式で，$\ddot{x}(t)$ は一つ前のステップの加速度 (D2 セル)，$\ddot{x}(t+\Delta t)$ は今のステップの加速度 (D3 セル) を使う．まとめると，次のようになる．

- B3 セル：`=B2+$A$2`
- C3 セル：上のセルの式をコピー (`=COS($A$8*B3)`)
- D3 セル：`=-$A$10*(E2+$A$2*F2+$A$12*D2/3)/(1+$A$10*$A$12/6)`
- E3 セル：`=E2+$A$2*F2+$A$12*D2/3+$A$12*D3/6`
- F3 セル：`=F2+$A$2*D2/2+$A$2*D3/2`

なお，2 乗のマイナスを入力する場合，`-$A$8^2*D2` とすると，符号変換のほうがかけ算より計算順序が優先されて `(-$A$8)*(-$A$8)*D2` という意味になってしまうので，注意しなければならない．`-($A$8^2)*D2` とするか，`-$A$8*$A$8*D2` とする必要がある．ここでは，2 乗を計算した A10 セルを使い `-$A$10*D2` とした．

あとは，B3～F3 セルの内容を，102 行目までコピーする．B3～F3 セルを選択した状態で（マウスで B3 セルを選び，マウスの左ボタンを押したまま F3 セルまで動かしてドラッグする），右端のスクロールバーを動かして 102 行目が見えるようにする．Shift キーを押した状態で F102 セルをマウスの左ボタンで選択すると，B3～F102 セルが選択（白黒反転）される．Ctrl+D で，3 行目のセル内容が全体にコピーされる．

7章 微分方程式

グラフの作成 次に，結果をグラフ化する．B列の時間，C列の理論値（$x = \cos\omega t$），E列の変位の数値解をグラフで比較する．Ctrlキーを押しながら，一番上のB, C, Eと書かれた灰色の場所をマウスで次々にクリックすると，連続していない三つの列を選択することができる．挿入メニューからグラフの種類で「散布図」を選び，「散布図（直線）」のグラフを選ぶ．理論値の線が $x = \cos\omega t$ であり，変位と書かれた線が線形加速度法による数値解析解である．図7.12のように二つのグラフがきれいに重なり，精度が高いことがわかる．

	A	B	C	D	E	F
1	時間刻み	時間	理論値	加速度	変位	速度
2	0.1	0	1	−1	1	0
3	質量m	0.1	0.995004	−0.99501	0.995008	−0.09975
4	1	0.2	0.980067	−0.98008	0.980083	−0.1985
5	ばね定数k	0.3	0.955336	−0.95537	0.955373	−0.29528
6	1	0.4	0.921061	−0.92113	0.921126	−0.3891
7	角速度ω	0.5	0.877583	−0.87768	0.877682	−0.47904
8	1	0.6	0.825336	−0.82548	0.825477	−0.5642
9	ω*ω	0.7	0.764842	−0.76503	0.76503	−0.64373
10	1	0.8	0.696707	−0.69695	0.696946	−0.71683
11	dt*dt	0.9	0.62161	−0.6219	0.621903	−0.78277
12	0.01	1	0.540302	−0.54065	0.540652	−0.8409
13		1.1	0.453596	−0.454	0.454004	−0.89063
14		1.2	0.362358	−0.36282	0.362823	−0.93147
15		1.3	0.267499	−0.26802	0.26802	−0.96301
16		1.4	0.169967	−0.17054	0.170541	−0.98494
17		1.5	0.070737	−0.07136	0.07136	−0.99703
18		1.6	−0.0292	0.028534	−0.02853	−0.99918
19		1.7	−0.12884	0.128143	−0.12814	−0.99134
20		1.8	−0.2272	0.226472	−0.22647	−0.97361
21		1.9	−0.32329	0.322541	−0.32254	−0.94616
22		2	−0.41615	0.41539	−0.41539	−0.90926
23		2.1	−0.50485	0.504091	−0.50409	−0.86329
24		2.2	−0.5885	0.587761	−0.58776	−0.8087
25		2.3	−0.66628	0.665562	−0.66556	−0.74603

図7.12 線形加速度法の結果とグラフ

線形加速度法も，時間刻みがある程度小さくないと（振動周期の1/6以下），解が発散して次第に誤差が大きくなることがある．とくに，構造物を設計する場合に重要な地震に対する応答を求める場合には，より安定した解法が求められる．そこで，式(7.18)の式変形で使う1/3!を変数 β と置いた式

$$x(t+\Delta t) = x(t) + \Delta t \dot{x}(t) + \left(\frac{1}{2} - \beta\right)(\Delta t)^2 \ddot{x}(t) + \beta(\Delta t)^2 \ddot{x}(t+\Delta t) \quad (7.24)$$

を使うニューマークの β 法（Nathan M. Newmark，アメリカ，1910–1981）が用いられることが多い．使う人が都合に合わせて β の値を設定すればよいので，便利である．$\beta = 1/6$ とすれば線形加速度法と同じになり，$\beta = 1/4$ とすれば平均加速度法（微小時間の間の加速度の平均値を仮定する）になる．平均加速度法は，時間刻みを大きくして精度が悪くなっても，解が発散することはないので，実際の構造設計でよく用いられている．

例題 7.3

図 7.13 のように地盤が変位 $z(t) = \sin 2\pi t$ で動いた場合，地盤と構造物との相対変位を x とする．$m = 1\,\mathrm{kg}$, $k = 1\,\mathrm{N/m}$ の構造物の揺れをシミュレーションせよ．ただし，$t = 0$ における初期値は，$x = 0\,\mathrm{m}, \dot{x} = 0\,\mathrm{m/s}$ とする．

図 7.13 地盤振動による構造物の振動

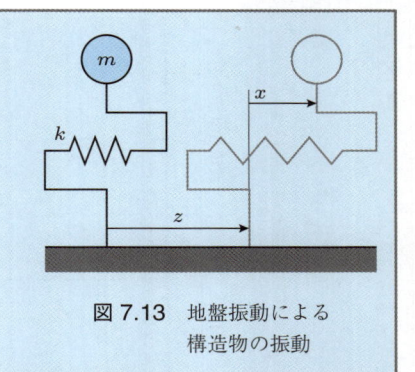

解 地震応答解析の基礎となる問題である．地盤の加速度は $\ddot{z}(t) = -4\pi^2 \sin 2\pi t$ となり，物体の運動方程式は式 (7.25) になる．

$$m(\ddot{x} + \ddot{z}) = -kx \tag{7.25}$$

【例題 7.2】と同様に，両辺を m で割って $\omega^2 \equiv k/m$ とおき，移項して整理すると，

$$\ddot{x} + \omega^2 x = -\ddot{z} \tag{7.26}$$

になる．変位と速度の計算には，式 (7.18), (7.19) を用いる．加速度は，式 (7.26) を変形して，

$$\ddot{x}(t + \Delta t) = -\ddot{z}(t + \Delta t) - \omega^2 x(t + \Delta t) \tag{7.27}$$

と表せる．あとは【例題 7.2】と同様である．【例題 7.2】の Excel のシートをコピーし，変位の初期値 E2 セルを 0 にする．次に C, D 列を次のように修正する．【例題 7.2】で理論値となっていた C 列の代わりに，地盤加速度を入力する．D 列は，分子の部分のみが【例題 7.2】と異なる．

	C	D	E
1	地盤加速度	加速度	変位
2	0	0	0

図 7.14

C3 セル：=-4*PI()^2*SIN(2*PI()*B3)
D3 セル：=(-C3-$A$10*(E2+$A$2*F2+$A$12*D2/3))/(1+$A$10*$A$12/6)

入力した C3, D3 セルを 102 行目までコピーする．グラフは B, E 列のみで描くと，結果は図 7.15 のようになる．構造物の固有周期約 6 s の波に，地盤振動の周期 1 s の波が加わった波形になる．この例では地盤の揺れとして正弦波を用いたが，構造物の耐震設計では，いろいろな機関（たとえば，気象庁や防災科学技術研究所）から公開されている地震加速度記

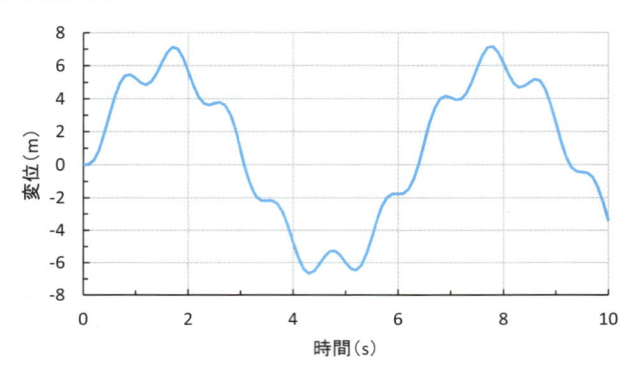

図 7.15 地盤振動による変位応答

録や，設計用の地震加速度（たとえば，日本道路協会や日本建築センターのデータ）が用いられ，地震時における構造物の揺れが推定されている．

7.2 偏微分方程式

7.1 節で説明した例題はすべて，時間 t のみの微分で表現されたため，運動方程式を 2 階の常微分方程式で表すことができた．この章のはじめに述べたように，一つの変数のみに関する微分で表される微分方程式が常微分方程式である．

これに対し，二つ以上の変数によって現象が表現される場合，偏微分方程式を用いる必要が生じる．複数の変数によって表される関数の，ある一つの変数に関する微分を偏微分ということを思い出そう（4 章）．たとえば，次式のように f という関数が x と y という二つの変数で偏微分した関係式によって表されているものが偏微分方程式である．

$$\frac{\partial^2 f}{\partial x^2} + \frac{\partial^2 f}{\partial y^2} = 0 \tag{7.28}$$

与えられた初期条件あるいは境界条件のもとで，偏微分方程式を解く方法にはいくつかあるが，ここでは 4.1.1 項で説明した差分法を用いることにする．

例として，土の圧密問題を考える．図 7.16 のような地盤があったとする．

水分を含んだ土の上に重い物を長時間放置すれば，土粒子間の水分（間隙水）が徐々に減っていき，沈下して締め固められる．これを圧密といい，土の上に安定した構造物を建設するために重要な現象である．間隙水の圧力（間隙水圧）が時間の経過とともに減っていくことを式で表現すると，間隙水圧が時間と場所の関数で表される偏微分方程式になる．場所として深さ方向のみを考える 1 次元の圧密は，次のような式で

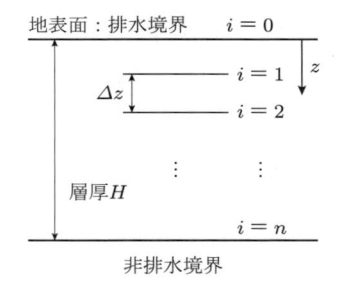

図 7.16 地盤の例

表される．

$$\frac{\partial u}{\partial t} = a \frac{\partial^2 u}{\partial z^2} \tag{7.29}$$

ここで，u：間隙水圧，z：深さ，t：時間，a：係数である．時間 $t=0$ における初期条件，および地表面 $z=0$ と地中の深い場所 $z=H$ における境界条件を与え，差分法で式 (7.29) を解く．以後，時間 t における，深さ z の間隙水圧を $u(t,z)$ と表すことにする．また，簡単のため，係数 $a=1$ とする．

式 (7.29) に対して，左辺の時間に関する 1 階微分を式 (4.5) の後退差分で，右辺の空間に関する 2 階微分を式 (4.7) の中央差分で表現すれば，

$$\frac{u(t+\Delta t, z) - u(t, z)}{\Delta t} = \frac{u(t+\Delta t, z - \Delta z) - 2u(t+\Delta t, z) + u(t+\Delta t, z + \Delta z)}{(\Delta z)^2} \tag{7.30}$$

となる．時間 t における間隙水圧 $u(t,z)$ が既知であれば，次の時間ステップ $t+\Delta t$ における間隙水圧 $u(t+\Delta t, z)$ を求めることができる．

圧密の境界条件としては，2 種類が考えられる．土層の下に砂の層があれば，土から出た間隙水は砂層へと逃げていく．これを排水境界という．同じく，土の表面（地面）でも間隙水は逃げていくので，地表面も排水境界である．これに対し，土層の下に岩盤のように水を通さない層がある場合，その境界からは水が逃げることができない．これを非排水境界という．

排水境界では，時間 t が変化しても常に間隙水圧が 0 であり，

$$u(t, z) = 0 \tag{7.31}$$

である．一方，非排水境界では，間隙水圧の空間的な変化率が 0 であり，常に $\partial u(t,z)/\partial z = 0$ が成り立つ．これに差分近似を用いれば，$\{u(t,z) - u(t, z - \Delta z)\}/$

$\Delta z = 0$ となり，結局，非排水境界の境界条件は次式となる．

$$u(t, z) = u(t, z - \Delta z) \tag{7.32}$$

図 7.16 の地盤を何層かに分割し，各層の境界における間隙水圧を求める．全体の層厚 H を Δz ずつ n 層に分割した場合，地表面を $i = 0$，次の層との境界場所を $i = 1$，次を $i = 2, \cdots$ と番号をふっていき，最下面を $i = n$ と表す．第 i 面での間隙水圧が，現時刻 t で $u_0(i)$ の場合，次の時刻 $t + \Delta t$ での間隙水圧 $u(i)$ を求めることにする．

式 (7.30) を変形して，変数を $u(i), u_0(i)$ などを用いて書き直す．場所を示す $z - \Delta z$, $z, z + \Delta z$ は，それぞれ，添字 $i - 1, i, i + 1$ に対応するので，

$$u(i) - u_0(i) = \frac{\Delta t}{(\Delta z)^2}\{u(i-1) - 2u(i) + u(i+1)\} \tag{7.33}$$

となる．ここで，

$$c \equiv \frac{\Delta t}{(\Delta z)^2} \tag{7.34}$$

とおいて，式 (7.33) を整理すれば次式になる．

$$-c \cdot u(i-1) + (1 + 2c) \cdot u(i) - c \cdot u(i+1) = u_0(i) \tag{7.35}$$

$n = 10$ の場合を考え，この式 (7.35) を，$i = 1$ から $i = 9$ までに対して書き表すと，

$$\begin{cases} -c \cdot u(0) + (1 + 2c) \cdot u(1) - c \cdot u(2) = u_0(1) \\ -c \cdot u(1) + (1 + 2c) \cdot u(2) - c \cdot u(3) = u_0(2) \\ \qquad\qquad\qquad \vdots \\ -c \cdot u(8) + (1 + 2c) \cdot u(9) - c \cdot u(10) = u_0(9) \end{cases} \tag{7.36}$$

$i = 0$ と $i = 10$ では，式 (7.35) が使えないことに注意する．ここで，境界条件より，$i = 0$ では地表面での排水境界のため式 (7.31) より $u(0) = 0$，$i = 10$ では非排水境界のため式 (7.32) より $u(10) = u(9)$ である．これを式 (7.36) に代入し，既知の値を右辺にまとめて行列で表示すれば，次のようになる．

$$\begin{bmatrix} 1+2c & -c & 0 & 0 & \cdots & 0 & 0 \\ -c & 1+2c & -c & 0 & \cdots & 0 & 0 \\ 0 & -c & 1+2c & -c & \cdots & 0 & 0 \\ 0 & 0 & -c & 1+2c & \cdots & 0 & 0 \\ \vdots & \vdots & \vdots & \vdots & \ddots & \vdots & \vdots \\ 0 & 0 & 0 & 0 & \cdots & 1+2c & -c \\ 0 & 0 & 0 & 0 & \cdots & -c & 1+c \end{bmatrix} \begin{Bmatrix} u(1) \\ u(2) \\ u(3) \\ u(4) \\ \vdots \\ u(8) \\ u(9) \end{Bmatrix} = \begin{Bmatrix} u_0(1) \\ u_0(2) \\ u_0(3) \\ u_0(4) \\ \vdots \\ u_0(8) \\ u_0(9) \end{Bmatrix}$$
(7.37)

左辺の行列の9行目の対角要素が，ほかの行と少し違うことに注意を要する．この連立方程式を解けば，現時刻における値をもとに，次の時刻における間隙水圧を求めることができる．連立方程式の詳細は，次の8章で説明する．ここでは，左辺の行列の逆行列を求めて両辺にかけることによって，解を求めることにする．8.1.1項を先に読んでから，次の例題に取り組んでもよい．

> **例題 7.4** 図7.16の地盤に対し，間隙水圧 $u(t, z)$ の時間的変化を計算せよ．層厚 $H = 1.0$，地表面は排水境界，最下面は非排水境界である．層の分割数 n は10，無次元化した時間間隔 Δt は0.05，計算する時間ステップ数は20とする．初期条件としては，$t = 0$ において，地表面以外では間隙水圧を1.0，地表面では（境界条件とも整合するよう）間隙水圧を0とする．

解 |**行列の入力**| 時間間隔 Δt，分割した層の厚さ Δz を，B1, B2セルにそれぞれ入力し，それらを使って式(7.34)の c をB3セルで計算する．式(7.37)の左辺の行列（A とする）を見ると，$1+2c$ あるいは $1+c$ が多いので，これらをE2, E3セルで計算しておく．

入力	A	B	C	D	E
1	Δt	0.05			
2	Δz	0.1		1+2c	=1+2*B3
3	c	=B1/B2/B2		1+c	=1+B3

図 7.17

式(7.37)の左辺の A の値を入力する．

7章 微分方程式

入力

	A	B	C	D	E	F	G	H	I
5	=E2	=-B3	0	0	0	0	0	0	0
6	=-B3	=E2	=-B3	0	0	0	0	0	0
7	0	=-B3	=E2	=-B3	0	0	0	0	0
8	0	0	=-B3	=E2	=-B3	0	0	0	0
9	0	0	0	=-B3	=E2	=-B3	0	0	0
10	0	0	0	0	=-B3	=E2	=-B3	0	0
11	0	0	0	0	0	=-B3	=E2	=-B3	0
12	0	0	0	0	0	0	=-B3	=E2	=-B3
13	0	0	0	0	0	0	0	=-B3	=E3

図 7.18

この行列の逆行列を求める．A15〜I23 セルの 9 行 9 列を選択して，`=MINVERSE(A5:I13)` と入力し，Shift+Ctrl+Enter とする．

時間的変化の計算 次に，式 (7.37) を時間ステップごとに，順番に解いていく．右辺のベクトルをある列に入力し，A5〜I13 セルに入力された $\boldsymbol{A}^{-1}$ をかけて，次ステップの解を求める．求めた解にさらに $\boldsymbol{A}^{-1}$ をかけて，さらに次ステップの解を求める．この手順を 20 ステップ繰り返す．

A 列の A26〜A36 セルに深さを表す記号を入力する．u0 を地表面，u10 を最下面とする．横方向に時間ステップを設定し，B25〜V25 セルに時間ステップを表す記号 t0, t1, ⋯, t20 と入力する．t0 が初期状態，t1 が 1 ステップ，⋯，t20 が 20 ステップを表す．

次に，初期値を入力する．t0 と書かれた B 列を使う．問題設定より，地表面以外では初期間隙水圧として 1 となるので，B27〜B36 セルに初期値として 1 を入力する．B26 セルは地表面で間隙水圧が 0 なので，0 を入力する．

入力

	A	B	C	D	E	F	G	H	I
25		t0	t1	t2	t3	t4	t5	t6	t7
26	u0	0							
27	u1	1							
28	u2	1							
29	u3	1							
30	u4	1							
31	u5	1							
32	u6	1							
33	u7	1							
34	u8	1							
35	u9	1							
36	u10	1							

図 7.19

次に，$\boldsymbol{A}$ の逆行列に B27〜B35 セルのベクトルをかけて，式 (7.37) を解く．C26 セルは地表面での境界条件より 0 なので，0 を入力する．C36 セルは式 (7.32) の境界条件より，一

つ上のセルと同じ値になるので，=C35 と入力する．

	A	B	C	D	E	F	G	H	I
25		t0	t1	t2	t3	t4	t5	t6	t7
26	u0	0	0						
27	u1	1							
28	u2	1							
29	u3	1							
30	u4	1							
31	u5	1							
32	u6	1							
33	u7	1							
34	u8	1							
35	u9	1							
36	u10	1	=C35						

図 7.20

　C27〜C35 セルを選び，=MMULT($A$15:$I$23, B27:B35) と入力して，Shift+Ctrl+Enter とする．

　このとき，マウスで範囲を選ぶ場合には，A15〜I23 セルを選んだ状態で F4 キーを押して「$」マークを付ける（絶対参照にする）のを忘れないよう注意する．これは，次ステップの計算の際にコピーするための準備である．

　これで 1 ステップの計算が終了する．次に，20 ステップ計算を繰り返すため，C26〜C36 セルの内容を右へコピーする．C26〜C36 セルを選択した状態で，Shift キーを押したまま V36 セルを選ぶと，C26〜V36 セルが選択されて色が灰色に変わる．この状態で，Ctrl+R とすると，C26〜C36 セルの内容が右方向へコピーされ，20 ステップまで全部の計算が終了する．

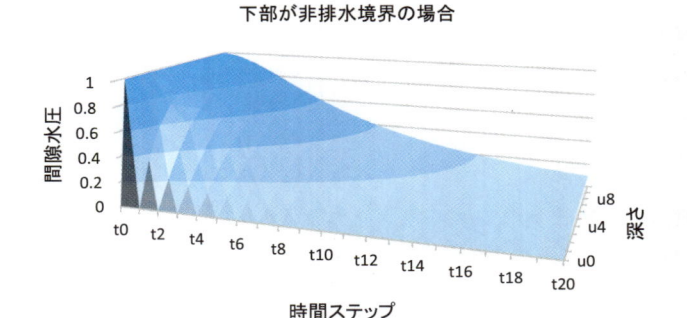

図 7.21　間隙水圧の時空間変化

グラフの作成　解が正しく求められたかどうか，グラフを描いて確認する．A25～V36 セルを選んで「挿入」メニューからグラフの「株価チャート，等高線グラフ，またはレーダーチャートの挿入」で「等高線（3-D 等高線）」を選んで「完了」を押す．

これで，間隙水圧の時間的変化（圧密の進行状況）を見ることができる．縦軸が間隙水圧である．一番奥手前が地表面（u0），奥へ向かって（u1, u2, ..., u10）深くなっていく．左端（t0）が初期状態で，右へ向かって（t1, t2, ..., t20）時間が経過していく様子を表している．

時間が経過するとともに間隙水圧が減少していくのが読み取れるはずである．15 ステップ経過すれば，最下層でも間隙水圧が 0.2 となっている．最初の 2 ステップと最後の 2 ステップを図 7.22 に示す．

	A	B	C	D		U	V
25		t0	t1	t2		t19	t20
26	u0	0	0	0		0	0
27	u1	1	0.3581	0.2173		0.0184	0.0162
28	u2	1	0.5877	0.4064		0.0363	0.032
29	u3	1	0.7349	0.5593		0.0533	0.0469
30	u4	1	0.8291	0.6771	...	0.0687	0.0605
31	u5	1	0.8892	0.7644		0.0823	0.0725
32	u6	1	0.927	0.8268		0.0937	0.0825
33	u7	1	0.9503	0.8691		0.1025	0.0902
34	u8	1	0.9636	0.8952		0.1085	0.0955
35	u9	1	0.9697	0.9076		0.1115	0.0982
36	u10	1	0.9697	0.9076		0.1115	0.0982

図 7.22

演習問題

7.1【例題 7.1】のシートを修正して，ボールが的に当たったとき，はね返ることを考える．反発係数を e とすると，的が鉛直なので y 方向の速度は変化せず，x 方向の速度が次式のようになる．

$$v_x = -e \times v_x \tag{7.38}$$

反発係数は B6 セルに入力するものとする．$0 \leqq e \leqq 1$ で，$e = 0$ なら完全非弾性衝突ではね返らない．$e = 1$ なら完全弾性衝突で，衝突によってエネルギーが失われない．

	A	B
6	反発係数	1.0

図 7.23

プログラムを修正し，ボールのはね返りまでシミュレーションせよ．なお，はね返りがよくわかるように，的の高さ（B4, B5 セル）を下 50〜上 60 m に変更すること．

7.2 【例題 7.1】のシートで的の高さを変更し（B4, B5 セル），下 20〜上 30 m の的にする．投げ上げる角度が $60°$ の場合，的に当てることができる初速度を求めよ．

7.3 一つの町の中で，口コミで商品が広まっていく様子をシミュレーションせよ．全体の人数を a 人，1 人の人からの口コミで商品が売れる確率を b，すでに購入した人を x 人とする．口コミを伝えられる人は，まだ伝えられていない $(a-x)$ 人である．したがって，商品を購入する人 x が増える時間的変化率 dx/dt は，「口コミで商品が売れる確率 b」×「未購入者の割合 $(a-x)/a$」×「既購入者の数 x」になる．これはロジスティック方程式と呼ばれる微分方程式で，オイラー法などを使って解くことができる．

時間刻み $\Delta t = 1$，人数 $a = 100$ 人，x の初期値 $= 1$ 人，口コミで商品が売れる確率 $b = 0.1$，100 ステップまでの計算をし，各ステップまでに商品を購入した人数 x のグラフを描くこと．

7.4 $d^2y/dx^2 + dy/dx + y = 0$ を解け．境界条件は $x=0$ で $y=1$，かつ $dy/dx=0$ である．計算範囲は $x=0\sim10$ とし，$\Delta x = 0.1$ とする．x の値に対する y を次のように定義する．

表 7.1

x	0.0	0.1	0.2	0.3	0.4	0.5	0.6	0.7	0.8	0.9	1.0
y_i	y_0	y_1	y_2	y_3	y_4	y_5	y_6	y_7	y_8	y_9	y_{10}

ヒント 1 階微分を式 (4.4) の中央差分，2 階微分を式 (4.9) の中央差分で表現する．

$$\frac{y_{i+1} - 2y_i + y_{i-1}}{(\Delta x)^2} - 2\frac{y_{i+1} - y_{i-1}}{2\Delta x} + y_i = 0 \text{ より，} y_{i+1} = \frac{\{2-(\Delta x)^2\}y - (1+\Delta x)y_{i-1}}{1-\Delta x}$$

境界条件は，$x=0$ で $y=1$ より $y_0 = 1$，$x=0$ で $dy/dx = 0$ より $(y_1 - y_0)/\Delta x = 0$ となる．したがって，$y_1 = y_0$ になる．

7.5 【例題 7.2】の振動問題では，揺れがいつまでたっても止まらない．実際には，揺れがそのうち止まる減衰という性質がある．減衰があるときには，式 (7.20) の代わりに次のような運動方程式で振動する．なお，式中の h を減衰定数という．

$$\ddot{x} + 2h\omega^2\dot{x} + \omega^2 x = 0$$

$\omega = 6\,\text{rad/s}$，$h = 0.05$ とし，初期値は $t=0$ で $x=1\,\text{m}$，$\dot{x}=0\,\text{m/s}$，$\Delta t = 0.01\,\text{s}$ とする．10 s 間のシミュレーションをせよ．

ヒント 運動方程式に，変位と速度に関する線形加速度法の式 (7.18), (7.19) を代入する．それを整理すると，次式になる．

$$\ddot{x}_{i+1} = \frac{-\omega^2 x_i - \{2h\omega + (\omega\Delta t)^2\}\dot{x}_i - \{2h\omega\Delta t/2 + (\omega\Delta t)^2/3\}\ddot{x}_i}{1 + 2h\omega\Delta t/2 + (\omega\Delta t)^2/6}$$

これを使って，【例題 7.2】と同様にシミュレーションすること．

7.6 雨粒が上空から落ちてくる際には，落下速度に比例した空気抵抗を受ける．時刻 t における落下速度を v，重力加速度を g，比例定数を c とすると，落下する様子は，$dv/dt = g - cv$ で表される．$g = 9.8\,\mathrm{m/s^2}$, $c = 2.5\,[1/\mathrm{s}]$，時間刻み $\Delta t = 0.1\,\mathrm{s}$ として，4 s までシミュレーションを行い，時間 t と落下速度 v のグラフを描け．

7.7 【例題 7.3】で，$k = 4\pi^2\,[\mathrm{N/m}]$ のときの計算をせよ．

7.8 【例題 7.4】で，最下面が排水境界のときの計算をせよ．初期条件は，地表面と最下面で間隙水圧が 0，つまり $u(0) = u(10) = 0$ であり，ほかの面では例題と同じく $u(i) = 1$ とする．

> **ヒント** 式 (7.36) までは【例題 7.4】と同じであり，境界条件を考慮して式 (7.37) に変形する箇所が異なる．

7.9 長さが 1 m の棒がある．時間 $t\,[\mathrm{s}]$ における場所 z の温度 $u\,[\mathrm{°C}]$ は，式 (7.29) と同じ式で表される（熱伝導方程式という）．$t = 0$ において，$u(1) \sim u(9)$ が常温 20°C であるのに対し，$u(0)$ と $u(10)$ だけを 100°C にした．各時間ステップにおける各点の温度をシミュレーションせよ．ただし，$u(0), u(10)$ は常に 100°C とし，式 (7.29) の係数 a は 1，Δz は 0.1 m，Δt は 0.01 s，計算する時間ステップ数は 20 とする．

> **ヒント** 【例題 7.4】とは，初期条件，境界条件と時間刻みが異なるのみである．

7.10 弦の振動問題を考える．場所 z の時刻 t における振幅 u は，次の偏微分方程式（波動方程式）で表される．

$$\frac{\partial^2 u}{\partial t^2} = a \frac{\partial^2 u}{\partial z^2} \tag{7.39}$$

式 (7.29) とは，左辺が異なるだけである．【例題 7.4】と同様に，場所 z を 10 分割して $u(0) \sim u(10)$ を考える．境界条件として弦の両端を固定することとし，$u(0)$ と $u(10)$ は常に 0 とする．初期条件として，$u(0) = 0, u(1) = 1, u(2) = 2, u(3) = 3, u(4) = 4, u(5) = 5, u(6) = 6, u(7) = 7, u(8) = 8, u(9) = 4, u(10) = 0$ を与える．これは，$u(8)$ の場所を引っ張って弦を三角形に変形させたことに相当する．静かに弦を離すこととし，初速度は 0 とする．中央差分で近似すると，時刻 $t + \Delta t$ における場所 i の振幅 $u(i)$ は，時刻 t における振幅 $u_0(i)$ と，時刻 $t - \Delta t$ における振幅 $u_{-1}(i)$ を使って，次のように表される．なお，式を簡単にするため $c = a\{(\Delta t)^2/(\Delta z)^2\}$ とおく．

$$u(i) = c \cdot u_0(i-1) + 2(1-c) \cdot u_0(i) + c \cdot u_0(i+1) - u_{-1}(i) \quad (i = 1, 2, \cdots, 9)$$

初期条件 $\partial u / \partial t = 0$ より，最初の時間ステップにおいては，$\{u(i) - u_0(i)\}/\Delta t = 0$，つまり $u(i) = u_0(i)$ である．これらの式を用いて，弦の振動をシミュレーションせよ．波動方程式の係数 a は 1，Δz は 0.1，Δt は 0.05，計算する時間ステップ数は 10 とする．

> **Column** ロジスティック方程式
>
> 【演習問題 7.3】の微分方程式はロジスティック方程式と呼ばれ，1838 年にベルハルスト（Pierre-François Verhulst，ベルギー，1804–1849）が発表した．ある物が売れ出すと，あるときにパッと大量に広まり，その後あまり売れなくなって飽和する様子や，人口が増えすぎると食糧問題など人口に比例した種々の問題でそれ以上増えなくなる様子，あるいは新興宗教やネズミ講が急激に広まってその後増えなくなる様子などのシミュレーションに使うことができる．

8 連立方程式

工学の問題では，状態を表すのに複数の変数が必要な場合が多く，連立方程式を解かなければならないことが多い．たとえば，ある力が加えられたときの構造物の変形を求める場合，「加えた力＝構造物各部のかたさ×各部の変形」という関係式が連立方程式になり，これを解いて変形が求められる．この章では，連立方程式の解き方を学ぶ．

8.1 Excel の機能を利用した方法

8.1.1 係数行列の逆行列が存在する場合

まず，逆行列を利用する方法について説明する．

行列 A とベクトル b を使うと，解 x を求める連立方程式は次式で表される．

$$Ax = b \tag{8.1}$$

これを解くには，A の逆行列 A^{-1} を求めて，両辺に左からかければよい．単位行列を I とすると，左辺は $A^{-1}Ax = Ix = x$ になるので，式 (8.1) は次のようになる．

$$x = A^{-1}b \tag{8.2}$$

このように，係数行列 A の逆行列が求められれば，連立方程式を解くことができる．ただし，A が逆行列をもつためには，A の行と列の数が同じで，かつ行列式 $|A|$ が 0 でないことが条件となる．A が特異行列で行列式が 0 の場合は，上記のような一意の解が得られない．

例題 8.1 次の連立方程式を解け．

$$\begin{cases} x_1 + 2x_2 + 3x_3 = 8 \\ 2x_1 + 5x_2 + 7x_3 = 5 \\ 3x_1 + 7x_2 + 11x_3 = 9 \end{cases}$$

解 この問題を行列表示する．

$$\begin{pmatrix} 1 & 2 & 3 \\ 2 & 5 & 7 \\ 3 & 7 & 11 \end{pmatrix} \begin{Bmatrix} x_1 \\ x_2 \\ x_3 \end{Bmatrix} = \begin{Bmatrix} 8 \\ 5 \\ 9 \end{Bmatrix} \tag{8.3}$$

$$\boldsymbol{A} = \begin{pmatrix} 1 & 2 & 3 \\ 2 & 5 & 7 \\ 3 & 7 & 11 \end{pmatrix}, \quad \boldsymbol{x} = \begin{Bmatrix} x_1 \\ x_2 \\ x_3 \end{Bmatrix}, \quad \boldsymbol{b} = \begin{Bmatrix} 8 \\ 5 \\ 9 \end{Bmatrix} \tag{8.4}$$

とすれば，式 (8.1) の形になる．Excel で，次のように入力する．

入力

	A	B	C	D	E
1	A				b
2	1	2	3		8
3	2	5	7		5
4	3	7	11		9
5					
6	A(−1)				x
7					
8					
9					

図 8.1

A7〜C9 セルの九つを選択し，`=MINVERSE(A2:C4)` と入力し，Shift+Ctrl+Enter とすると，$\boldsymbol{A}^{-1}$ が計算される．`A2:C4` と入力する代わりに，マウスで範囲を選択してもよい．

次に，$\boldsymbol{A}^{-1}$ と $\boldsymbol{b}$ をかける．かけるには，`MMULT( )` 関数を使う．

入力

	A	B	C	D	E
6	A(−1)				x
7	6	−1	−1		
8	−1	2	−1		
9	−1	−1	1		

図 8.2

E7〜E9 セルをマウスで選択した状態で，`=MMULT(A7:C9, E2:E4)` と入力し，Shift+Ctrl+Enter とすると，$\boldsymbol{A}^{-1}$ と $\boldsymbol{b}$ のかけ算が計算され，解 $\boldsymbol{x} = (34 \quad -7 \quad -4)$ が得られる．

結果

	A	B	C	D	E
6	A(−1)				x
7	6	−1	−1		34
8	−1	2	−1		−7
9	−1	−1	1		−4

図 8.3

8.1.2 係数行列の逆行列が存在しない場合

次に，逆行列が存在しない特異行列からなる連立方程式の解き方を説明する．図 8.4 のように，質量のない板ばねで支えられた 2 質点のモデルを考える．これは，2 階建ての建物の地震による揺れをモデル化する場合によく用いられる．このモデルが何らかの原因で揺れはじめた場合に，その揺れる様子を解析する．これを 2 自由度系（独立な変数が二つ）の自由振動（揺れている間は何も力を加えない）問題という．

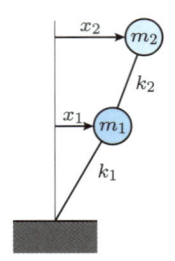

図 8.4 振動する 2 自由度系

質点の運動を表す運動方程式を，式 (7.13)′ と同様に定式化する．質量を m_1, m_2 [kg]，ばねのかたさを k_1, k_2 [N/m] とする．1 層目の変位（何 m 揺れたか）を x_1 [m]，2 層目の変位を x_2 [m] とし，それぞれの加速度を $\ddot{x}_1, \ddot{x}_2$ [m/s^2] とすれば，各質点の運動方程式は次のようになる．2 層目のばねの変形は x_2 ではなく $(x_2 - x_1)$ であることに注意しよう．

$$\begin{cases} m_1 \ddot{x}_1 + k_1 x_1 - k_2(x_2 - x_1) = 0 \\ m_2 \ddot{x}_2 + k_2(x_2 - x_1) = 0 \end{cases} \tag{8.5}$$

これを行列とベクトルで表現する．

$$\begin{pmatrix} m_1 & 0 \\ 0 & m_2 \end{pmatrix} \begin{Bmatrix} \ddot{x}_1 \\ \ddot{x}_2 \end{Bmatrix} + \begin{pmatrix} k_1 + k_2 & -k_2 \\ -k_2 & k_2 \end{pmatrix} \begin{Bmatrix} x_1 \\ x_2 \end{Bmatrix} = \begin{Bmatrix} 0 \\ 0 \end{Bmatrix} \tag{8.6}$$

この揺れを表現している式は，時間的に変化する x_1, x_2 の二つの変数による連立微分方程式になっている．x_1, x_2 が振動を表す何らかの関数に従うとすると，x_1, x_2 を何倍かした値と，x_1, x_2 を 2 回微分して何倍かした値の和が，時間によらず常に 0 になるということを式 (8.6) は表している．そのためには，x_1, x_2 を 2 回微分しても関数の形が変わらない必要がある．

したがって，x_1, x_2 は指数関数かサイン関数，コサイン関数のいずれかになるはずである．サイン関数，コサイン関数は 10 章でオイラーの公式として示すように指数関

数で表せるうえに，指数関数は何回微分しても関数の形が変わらず便利なので，ここでは指数関数を用いる．x_1 も x_2 も一定の周期で揺れると考えて，次のようにおく．

$$\begin{cases} x_1 = Y_1 e^{i\omega t} \\ x_2 = Y_2 e^{i\omega t} \end{cases} \tag{8.7}$$

ここで，Y_1, Y_2 は係数，i は虚数単位，ω は後で計算される振動数の関数，t は時間である．2 回微分すると，

$$\begin{cases} \ddot{x}_1 = -\omega^2 Y_1 e^{i\omega t} \\ \ddot{x}_2 = -\omega^2 Y_2 e^{i\omega t} \end{cases} \tag{8.8}$$

になる．式 (8.7)，(8.8) を式 (8.6) に代入すると，$e^{i\omega t} \neq 0$ より次式が成り立つ．

$$\begin{pmatrix} k_1 + k_2 - \omega^2 m_1 & -k_2 \\ -k_2 & k_2 - \omega^2 m_2 \end{pmatrix} \begin{Bmatrix} Y_1 \\ Y_2 \end{Bmatrix} = \begin{Bmatrix} 0 \\ 0 \end{Bmatrix} \tag{8.9}$$

この左辺の行列に逆行列が存在したとすると，その逆行列を左からかけて，$Y_1 = Y_2 = 0$ が得られる．これを自明の解という．しかし，これは時間 t によらず常に $x_1 = x_2 = 0$ なので振動しないということである．したがって，自明の解以外の解を求める必要がある．

この式が自明の解以外の解をもつためには，逆行列が存在しないことが条件になる．逆行列が存在しないということは，Y_1, Y_2 が独立ではなく従属（それぞれの間に関係式が存在する）ということでもある．そのためには行列式が 0 であればよい．この条件から，ω の値が決まる．ω は 7.1 節にも登場した円振動数 [rad/s] で，ω が決まれば式 (8.9) からそれに対応する Y_1, Y_2 の比率（関係式）が決まる．Y_1, Y_2 の比率を固有振動モードという．式 (8.9) の 1 行目，$(k_1 + k_2 - \omega^2 m_1)Y_1 - k_2 Y_2 = 0$ より，

$$Y_2 = \frac{k_1 + k_2 - \omega^2 m_1}{k_2} Y_1 \tag{8.10}$$

という関係式が Y_1, Y_2 の間に成り立つことがわかる．式 (8.9) の 2 行目からも Y_1, Y_2 の別の関係式が求められるが，得られた関係式は行列式が 0 なので，式 (8.10) と同一の関係式に変形することができる．

また，ω から揺れの固有周期 $T = 2\pi/\omega$ [s] を求めることができる．条件を満たす ω の値は 2 自由度系では二つ存在し，一般に n 自由度系なら n 個存在する．7 章の振動問題は 1 自由度系だったので，固有周期は一つしかなかった．固有振動というのは，

質点とばねの特性から決まる特定の周期（固有周期 T）と形（固有振動モード）で揺れやすいという性質で，2自由度系ではそれが2通り存在する．二つの ω のうち，値が小さいほうの振動を1次固有振動，大きいほうを2次固有振動といい，それぞれの値を式 (8.10) に代入したときの Y_1, Y_2 の関係をそれぞれ，1次振動モード，2次振動モードという．

例題 8.2 図 8.4 で，$m_1 = m_2 = 1\,\mathrm{kg}$，$k_1 = k_2 = 1\,\mathrm{N/m}$ の場合，式 (8.9) の解を求めよ．

解 **式の入力** Excel で次のように入力する．ω の小さいほうから順に求めたいため，B5 セルの ω^2 は初期値として 0 を設定しておく．B6 セルは行列式の値である．なお，A5 セルは $\omega^2 = \omega \times \omega$ の代わりに，入力しやすい `w*w` としている．

	A	B	C	D
1	m1 (kg)	1	k1 (N/m)	1
2	m2 (kg)	1	k2 (N/m)	1
3	A	=D1+D2-B1*B5	=-D2	
4		=-D2	=D2-B2*B5	
5	w*w	0		
6	det(A)	=MDETERM(B3:C4)		
7	T (s)	=2*PI()/SQRT(B5)		
8	Y2/Y1	=-B3/C3		

図 8.5

解の探索 ここで，Excel の機能「ソルバー」を使う．「データ」→「ソルバー」を選ぶ．もしソルバーが表示されていなかったら，「オプション」→「アドイン」→「Excel アドイン」→「設定」からソルバーを使えるように設定しておく．

図 8.6 のソルバー画面で，「目的セルの設定」欄を B6，「目標値」で「指定値」にチェックして 0 に，「変数セルの変更」欄を B5 にして「解決」ボタンを押す．

解が得られた旨の表示があり，「ソルバーの解の保持」を選択して「OK」ボタンを押すと，B6 セルの行列式がほぼ 0 になっていることがわかる．B5 セルの $\omega^2 = 0.382$ が得られ，B7 セルの固有周期 $T = 10.2\,\mathrm{s}$，B8 セルの Y_1 に対する Y_2 の大きさが 1.6 になる．これが 1 次固有振動である．いい換えると，1層目に対して2層目が1.6倍の大きさで同じ方向に揺れ，もとの場所に戻るまで 10.2 s かかるという振動をしやすいことがわかる．

8.1 Excel の機能を利用した方法

図 8.6

次に，得られた B5 セルの値より大きな 1 を C5 セルに入力しておき，B5 セルを 0 にして，もう一度ソルバーを起動する．「制約条件の対象」欄の「追加」ボタンを押す．表示された図 8.7 の「制約条件の追加」窓で，セル参照欄を B5，中央欄で「>=」を選択，制約条件欄を C5 にする．

図 8.7

「OK」ボタンを押してソルバー画面に戻り，「制約のない変数を非負数にする」のチェックを外す．「解決」ボタンを押すと，先ほどより大きな $\omega^2 = 2.618$ という値が得られる．固有周期 $T = 3.8\,\mathrm{s}$，Y_1 に対する Y_2 の大きさが -0.62 となる．これが 2 次固有振動である．1 層目に対して 2 層目が -0.62 倍ということは，1 層目と 2 層目が逆方向に揺れるということである．

結果の整理　1 次と 2 次の固有振動モードを図示すると図 8.8，時間的な変化（時刻歴波形という）は図 8.9 になる．

（a）1次固有振動　　（b）2次固有振動

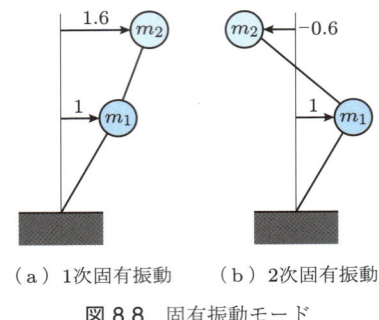

図 8.8　固有振動モード

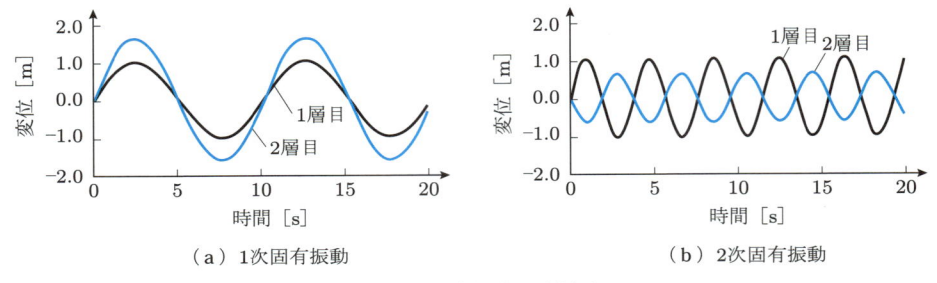

（a）1次固有振動　　（b）2次固有振動

図 8.9　固有振動の時刻歴

　地震の揺れにはいろいろな周期の揺れが含まれているが，地震の発生状況や構造物が存在する場所の性質によって，多く含まれる振動周期（卓越周期）がある．構造物の固有周期と地震動の卓越周期とが一致すると，共振現象が発生して揺れが大きくなりやすい．

8.2　ガウスの消去法

　連立方程式を解くことだけが目的の場合には，8.1 節の方法が便利である．しかし，大規模データをコンピュータで扱う場合や一連の作業の中で連立方程式を解く場合など，プログラムを作ってデータ処理を行う必要が生じることがある．そこで用いられる方法にガウスの消去法（Johann Carl Friedrich Gauss，ドイツ，1777–1855）がある．ガウスの消去法の基本は，中学のときに習った連立方程式の解法を順序立てて行うものである．

　まず，【例題 8.1】の連立方程式をガウスの消去法で解いてみる．

$$\begin{cases} x_1 + 2x_2 + 3x_3 = 8 & \text{①} \\ 2x_1 + 5x_2 + 7x_3 = 5 & \text{②} \\ 3x_1 + 7x_2 + 11x_3 = 9 & \text{③} \end{cases} \tag{8.11}$$

② $-$ ① $\times 2$, ③ $-$ ① $\times 3$ より,

$$\begin{cases} x_1 + 2x_2 + 3x_3 = 8 & \text{①} \\ x_2 + x_3 = -11 & \text{②}' \\ x_2 + 2x_3 = -15 & \text{③}' \end{cases} \tag{8.12}$$

③$'$ $-$ ②$'$ より,

$$\begin{cases} x_1 + 2x_2 + 3x_3 = 8 & \text{①} \\ x_2 + x_3 = -11 & \text{②}' \\ x_3 = -4 & \text{③}'' \end{cases} \tag{8.13}$$

③$''$ を②$'$ に代入して,

$$x_2 = -7 \quad \text{②}''$$

さらに, ③$''$ と②$''$ を①に代入して,

$$x_1 = 34$$

を得る.

一般的な問題として, 次式の連立方程式を解いてみよう.

$$\begin{cases} a_{11}x_1 + a_{12}x_2 + \cdots + a_{1n}x_n = a_{1n+1} \\ a_{21}x_1 + a_{22}x_2 + \cdots + a_{2n}x_n = a_{2n+1} \\ \qquad \vdots \\ a_{n1}x_1 + a_{n2}x_2 + \cdots + a_{nn}x_n = a_{nn+1} \end{cases} \tag{8.14}$$

左辺の各未知数の係数および右辺の定数項を, 次式の拡大係数行列で表す.

$$\begin{pmatrix} a_{11} & a_{12} & \cdots & a_{1n} & a_{1n+1} \\ a_{21} & a_{22} & \cdots & a_{2n} & a_{2n+1} \\ \vdots & \vdots & \ddots & \vdots & \vdots \\ a_{n1} & a_{n2} & \cdots & a_{nn} & a_{nn+1} \end{pmatrix} \tag{8.15}$$

次に，1 行目の成分をすべて a_{11} で割り，1 行 1 列の成分を 1 にする．

$$a'_{1j} = \frac{a_{1j}}{a_{11}} \quad (j = 1, 2, \cdots, n+1)$$

$$\begin{pmatrix} 1 & a'_{12} & \cdots & a'_{1n} & a'_{1n+1} \\ a_{21} & a_{22} & \cdots & a_{2n} & a_{2n+1} \\ \vdots & \vdots & \ddots & \vdots & \vdots \\ a_{n1} & a_{n2} & \cdots & a_{nn} & a_{nn+1} \end{pmatrix} = \begin{pmatrix} 1 & a_{12}/a_{11} & \cdots & a_{1n}/a_{11} & a_{1n+1}/a_{11} \\ a_{21} & a_{22} & \cdots & a_{2n} & a_{2n+1} \\ \vdots & \vdots & \ddots & \vdots & \vdots \\ a_{n1} & a_{n2} & \cdots & a_{nn} & a_{nn+1} \end{pmatrix}$$
(8.16)

続いて，式 (8.16) の $i = 2 \sim n$ 行について，各列の成分 a'_{1j} から a_{i1} を倍した値を引くことにより，各行の 1 列目を 0 にする．

$$a'_{ij} = a_{ij} - a_{i1} \times a_{1j} \quad (i = 2, \cdots, n, \; j = 2, \cdots, n+1)$$

$$\begin{pmatrix} 1 & a'_{12} & \cdots & a'_{1n} & a'_{1n+1} \\ 0 & a_{22} - a_{21}a'_{12} & \cdots & a_{2n} - a_{21}a'_{1n} & a_{2n+1} - a_{21}a'_{1n+1} \\ \vdots & \vdots & \ddots & \vdots & \vdots \\ 0 & a_{n2} - a_{n1}a'_{12} & \cdots & a_{nn} - a_{n1}a'_{1n} & a_{nn+1} - a_{n1}a'_{1n+1} \end{pmatrix}$$
(8.17)

以降，2 行 2 列の成分の値で 2 行目の成分をすべて割り，式 (8.16), (8.17) と同様に繰り返すと，次のような行列ができる．

$$\begin{pmatrix} 1 & b_{12} & \cdots & b_{1n} & b_{1n+1} \\ 0 & 1 & \cdots & b_{2n} & b_{2n+1} \\ \vdots & \vdots & \ddots & \vdots & \vdots \\ 0 & 0 & \cdots & 1 & b_{nn+1} \end{pmatrix}$$
(8.18)

ここまでの操作を前進消去と呼ぶ．

次に，式 (8.18) より，

$$x_n = b_{n,n+1} \tag{8.19}$$

となり，

$$\begin{cases} x_{n-1} = b_{n-1,n+1} - b_{n-1,n} x_n \\ x_k = b_{kn+1} - \displaystyle\sum_{j=k+1}^{n} b_{kj} x_j \quad (k = n-1,\; n-2,\; \cdots,\; 1) \end{cases} \tag{8.20}$$

と，順次下方から値を代入することですべての解を得ることができる．この式 (8.19)，(8.20) の操作を後退代入と呼ぶ．

| 例題 8.3 | 【例題 8.1】をガウスの消去法で解け． |

解 次のように入力する．A1，A2，E2，G2 セルは数字の説明である．B1 セルに 3 元の連立方程式という意味で 3 を入力する．A3〜C5 セルの九つに行列 A の成分を入力し，E3〜E5 セルの三つにベクトル b の成分を入力する．

	A	B	C	D	E	F	G
1	n	3					
2	A				b		x
3	1	2	3		8		
4	2	5	7		5		
5	3	7	11		9		

図 8.10

次に，プログラムの主要部分となる前進消去と後退代入について説明する．式 (8.15) に示した行列の要素を $a(i,j)$ とする．式 (8.16) の操作を一般化すると，k 行に対して，

$$a(k,j) = \frac{a(k,j)}{a(k,k)} \quad (j = 1, 2, \cdots, n+1) \tag{8.21}$$

と表すことができる．式 (8.17) の操作を一般化すると，

$$a(i,j) = a(i,j) - a(i,k)a(k,j) \quad (i = k+1, \cdots, n,\ j = k+1, \cdots, n+1) \tag{8.22}$$

と表すことができる．i, j を 1 からではなく $k+1$ からはじめたのは，式 (8.18) の左下は必ず 1 か 0 になるので，計算を省略できるからである．最後に，

$$a(n, n+1) = \frac{a(n, n+1)}{a(n, n)} \tag{8.23}$$

で前進消去が終了する．次に，式 (8.19) からの後退代入であるが，式 (8.18) の行列要素も，前半と同じ $a(i,j)$ という変数に入っている．したがって，式 (8.19) は次のように書ける．

$$x(n) = a(n, n+1) \tag{8.24}$$

式 (8.20) の $\sum$ の計算は，

$$x(k) = a(k, n+1) \tag{8.25}$$

と初期値を入れたうえで，$j = k+1 \sim n$ に対して，

$$x(k) = x(k) - a(k,j)x(j) \tag{8.26}$$

を繰り返せばよい．なお，式 (8.23)，(8.24) は，一つにまとめて実行すれば効率的である．

それでは，実際にプログラムを作ろう．「表示」メニューから「マクロ」を選び，gauss と入力して「編集」ボタンを押す．そして，次のプログラムを入力する．

マクロ 8.1

```
Dim a(10, 11), x(10)        ◀拡大係数行列 a と，解 x の配列を準備．

n = [B1]                    ◀B1 セルから n を読み込む．

For i = 1 To n              ◀拡大係数行列 a の作成．
  For j = 1 To n
    a(i, j) = Cells(i + 2, j)   ◀A3〜C5 セルから係数行列 A を入力．
  Next j
  a(i, n + 1) = Cells(i + 2, n + 2)   ◀E3〜E5 セルから定数項 b を入力．
Next i

For k = 1 To n - 1          ◀ここから前進消去．
  For j = k + 1 To n + 1
    a(k, j) = a(k, j) / a(k, k)   ◀式 (8.21)．
  Next j
  For i = k + 1 To n
    For j = k + 1 To n + 1
      a(i, j) = a(i, j) - a(i, k) * a(k, j)   ◀式 (8.22)．
    Next j
  Next i
Next k
                            ◀ここから後退代入．
x(n) = a(n, n + 1) / a(n, n)    ◀式 (8.23)，(8.24) をまとめて実行．
For k = n - 1 To 1 Step -1      ◀k は大きいほうから小さいほうへ −1 ずつ変化．
  x(k) = a(k, n + 1)            ◀式 (8.25)．
  For j = k + 1 To n
    x(k) = x(k) - a(k, j) * x(j)    ◀式 (8.26)．
  Next j
Next k

For i = 1 To n              ◀解を G3〜G5 セルに出力．
  Cells(i + 2, n + 4) = x(i)
Next i
```

Excel に戻り，「表示」→「マクロ」→ gauss を「実行」すると，解が表示される．【例題 8.1】と同じ解が得られたはずである．■

このように，機械的な作業で順次計算できるのは，コンピュータ向きの手法である．ただし，ここで気を付けなくてはいけないのが，式 (8.17) で 2 行 2 列の成分が非常に

小さいときである．たとえば，この値が 10^{-8} のオーダーであったとする．2行目の成分をその小さい値ですべて割ると，それらは非常に大きな値となる．そのため，式 (8.18) のように，3行目以降の2列目の成分を0にしようとすると，3行3列以降の成分で桁落ち誤差が生じることが容易に想像できるはずである．式 (8.17) の成分のオーダーが大きく異なる場合に精度を確保するためには，2列目の成分のうち，もっとも絶対値の大きな値を示す行を2行目とすべて入れ替えることが有効である．これは式 (8.19) の i 行 i 列の成分（対角成分）を1にする計算において，2行目以外の場合も同様の処理が必要である．この処理を**ピボット選択**という．

> **例題 8.4** 次の連立方程式を解け．
> $$\begin{cases} 3x_2 - 2x_3 = -5 \\ 2x_1 + 5x_2 + x_3 = 5 \\ 3x_1 - x_2 + 3x_3 = 5 \end{cases}$$

解 マクロの作成 【例題 8.3】の Excel 表を使い，「表示」→「マクロ」で gauss を実行すると，式 (8.17) において $a_{11}=0$ のため，0で割るエラーが生じて計算できない．そこでプログラムにピボット選択処理を追加する．gauss2 という新しいマクロに gauss のプログラムをコピーし，「ここから前進消去」となっている行の次（「For k=1 To n-1」と「For j=k+1 To n+1」の間）に，以下のプログラムを挿入する．

マクロ 8.2

```
pivot = k                              ◀①
saidai = Abs(a(k, k))                  ◀②
For i = k + 1 To n                     ◀③
  If (Abs(a(i, k)) > saidai) Then      ◀④
    pivot = i                          ◀⑤
    saidai = Abs(a(i, k))              ◀⑥
  End If                               ◀⑦
Next i                                 ◀⑧
If (pivot <> k) Then                   ◀⑨
  For j = 1 To n + 1                   ◀⑩
    temp = a(k, j)                     ◀⑪
    a(k, j) = a(pivot, j)              ◀⑫
    a(pivot, j) = temp                 ◀⑬
  Next j                               ◀⑭
End If                                 ◀⑮
```

①◀ピボット行番号の初期値を k とする．
②◀最大値の初期値を $a(k,k)$ の絶対値とする．
③◀$k+1$ 行目から n 行目まで検査する．

④◀ もし，i 行目の $a(i,k)$ の絶対値のほうが，それまで覚えていた最大値より大きければ，
⑤◀ その行をピボット行として記憶する．
⑥◀ その行の $a(i,k)$ の絶対値を，新しい最大値として記憶する．
⑦◀ ここまでが `If` 文．
⑧◀ ここまでを③からの `For` 文で繰り返す．
⑨◀ もし，ピボット行が現在の k 行ではなかったら，
⑩◀ 各列について，k 行とピボット行の成分を入れ替える．
⑪◀ いったん k 行の値を `temp` という変数に退避させる．
⑫◀ ピボット行の値を k 行に代入する．
⑬◀ 退避しておいた k 行の値をピボット行に代入する．
⑭◀ 上の⑪〜⑬の作業を 1 列目から $n+1$ 列目まで繰り返す．
⑮◀ k 行とピボット行が同じなら，この⑩〜⑭の作業はしない．

⑪〜⑬の手順は，二つの変数の値を交換する常套手段である．変数 `x, y` の値を入れ替える場合，

  `x=y`

  `y=x`

とすると，`x=y` とした段階で `x` の値が `y` になってしまうため，次の `y=x` という命令ではもとの `y` の値が入るだけで，結局 `x` も `y` ももとの `y` の値になるだけである．そのため，もう一つの変数 `temp` を用意して次のようにする．

  `temp=x`

  `x=y`

  `y=temp`

変数の名前は `temp` でなくてもよいが，temporary（一時的な）という意味で，よく `temp` という変数名が使われる．

以上①〜⑮を挿入し，Excel に戻って次のように入力する．

入力	A	B	C	D	E	F	G
1	n	3					
2	A				b		x
3	0	3	−2		−5		
4	2	5	1		5		
5	3	−1	3		5		

図 8.11

マクロの実行 「表示」→「マクロ」から `gauss2` を選んで「実行」ボタンを押すと，$x_1 = -2$，$x_2 = 1$, $x_3 = 4$ と答えが得られる．

	A	B	C	D	E	F	G
1	n	3					
2	A				b		x
3	0	3	-2		-5		-2
4	2	5	1		5		1
5	3	-1	3		5		4

図 8.12

8.3 非線形連立方程式

連立させる方程式が非線形な式の場合，5章で説明した非線形方程式の解法と組み合わせることが必要になる．あるステップにおける近似解 x_i から，ニュートン - ラフソン法で次のステップにおける近似解 x_{i+1} を求める式 (5.5) を書き換えると，

$$x_{i+1} = x_i - \Delta x \tag{8.27}$$

となる．ただし，

$$\Delta x = \frac{f(x_i)}{f'(x_i)} \tag{8.28}$$

である．これを，2変数の場合に拡張する．

まず，x, y に関する二つの関数 $f(x,y), g(x,y)$ に対して，テイラー展開の式を2変数の場合に拡張し，x, y の1次の項まで考えると，次式で表される．

$$\begin{aligned} f(x+\Delta x,\ y+\Delta y) &= f(x,y) + \frac{\partial f(x,y)}{\partial x}\Delta x + \frac{\partial f(x,y)}{\partial y}\Delta y \\ g(x+\Delta x,\ y+\Delta y) &= g(x,y) + \frac{\partial g(x,y)}{\partial x}\Delta x + \frac{\partial g(x,y)}{\partial y}\Delta y \end{aligned} \tag{8.29}$$

これがどちらも0になるように，$\Delta x, \Delta y$ を決めるには，次の連立方程式

$$\begin{pmatrix} \dfrac{\partial f(x,y)}{\partial x} & \dfrac{\partial f(x,y)}{\partial y} \\ \dfrac{\partial g(x,y)}{\partial x} & \dfrac{\partial g(x,y)}{\partial y} \end{pmatrix} \begin{Bmatrix} \Delta x \\ \Delta y \end{Bmatrix} = \begin{Bmatrix} f(x,y) \\ g(x,y) \end{Bmatrix} \tag{8.30}$$

を解けばよい．1変数だと式 (8.28) のように割り算で答えを求めたのが，式 (8.30) のように連立方程式の計算に変わるだけである．3変数以上の場合も同様である．これを，8.2 節で説明した手法で解けば，式 (8.27) と同様に，

$$\begin{cases} x_{i+1} = x_j - \Delta x \\ y_{i+1} = y_j - \Delta y \end{cases} \tag{8.31}$$

として，次ステップの値を求めることができる．

例題 8.5 次の非線形連立方程式を解け．

$$\begin{cases} x^2 + y^2 = 4 \\ x^4 + x - y^2 = -1 \end{cases}$$

解 **問題の整理** 5 章で説明したニュートン - ラフソン法を用いる．二つの関数を次のようにおく．

$$\begin{cases} f(x,y) = x^2 + y^2 - 4 \\ g(x,y) = x^4 + x - y^2 + 1 \end{cases}$$

この $f(x,y)$, $g(x,y)$ が，どちらも 0 になる (x,y) を求める．まず，グラフで確認する．図の青い線が $f(x,y) = 0$, 黒い線が $g(x,y) = 0$ であり，これらの交点二つを求めればよい．

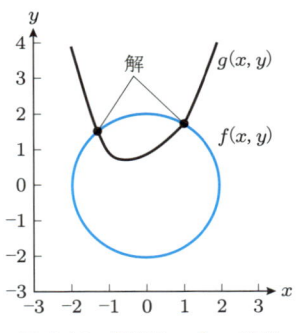

図 8.13 【例題 8.5】の関数

ニュートン - ラフソン法を用いるため，まず式 (8.30) の左辺の行列を計算する．

$$\begin{pmatrix} \dfrac{\partial f(x,y)}{\partial x} & \dfrac{\partial f(x,y)}{\partial y} \\ \dfrac{\partial g(x,y)}{\partial x} & \dfrac{\partial g(x,y)}{\partial y} \end{pmatrix} = \begin{pmatrix} 2x & 2y \\ 4x^3 + 1 & -2y \end{pmatrix} \tag{8.32}$$

Excel で左辺の逆行列を求め，式 (8.30) より，

8.3 非線形連立方程式

$$\begin{Bmatrix} \Delta x \\ \Delta y \end{Bmatrix} = \begin{pmatrix} \dfrac{\partial f(x,y)}{\partial x} & \dfrac{\partial f(x,y)}{\partial y} \\ \dfrac{\partial g(x,y)}{\partial x} & \dfrac{\partial g(x,y)}{\partial y} \end{pmatrix}^{-1} \begin{Bmatrix} f(x,y) \\ g(x,y) \end{Bmatrix} \tag{8.33}$$

とすれば，次ステップへの補正量を求めることができる．

式の入力　Excel で次のように入力する．A1, A2 セルは，何ステップ目かを示すことにし，初期値なので 0 ステップ目ということで A2 セルを 0 としている．B, D, F, I, L 列は，それぞれ右のセルの内容説明である．図 8.13 のグラフから，一つの交点が (1, 2) の近くにあるので，C1, C2 セルに，x, y の初期値として 1, 2 を入力しておく．E1, E2 セルには関数 $f(x,y)$ と $g(x,y)$ の式を入れる．x として C1 セル，y として C2 セルをそれぞれ参照する．G1〜H2 セルの四つに式 (8.31) の行列を入力する．

入力	A	B	C	D	E
1	step	x	1	f	=C1^2+C2^2-4
2	0	y	2	g	=C1^4+C1-(C2^2)+1

	F	G	H	I	J	K	L	M
1	(8.32)式	=2*C1	=2*C2	逆行列			dx	
2		=4*C1^3+1	=-2*C2				dy	

図 8.14

式 (8.29) の連立方程式を解くため，J1〜K2 セルに，G1〜H2 セルの逆行列を計算する．J1〜K2 セルを選択し，`=MINVERSE(G1:H2)` と入力し，Shift+Ctrl+Enter とする．

M1, M2 セルに式 (8.29) の解を計算する．J1〜K2 セルで計算した逆行列を，E1, E2 セルで計算した関数 $f(x,y), g(x,y)$ の値にかける．M1, M2 セルを選択して`=MMULT(J1:K2, E1:E2)` と入力し，Shift+Ctrl+Enter とする．

次のステップは，A3〜C2 セルに次のように入力する．A4 セルはステップを前の A2 セルから 1 増やす．C3, C4 セルは式 (8.31) であり，前ステップの値から，M1, M2 セルで計算した補正量を引く．

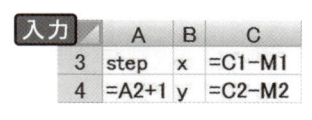

入力	A	B	C
3	step	x	=C1-M1
4	=A2+1	y	=C2-M2

図 8.15

D 列から右側は，前ステップと同じ計算なので，D1〜M2 セルを選択してコピーし，D3 セルに貼り付ける．次のステップは，3, 4 行目をそのままコピーすればよい．3, 4 行目（A3〜M4 セル）を選択してコピーし，A5 セルに貼り付ける．その後すぐ，A7 セルにも貼り付ける．同様に，A9, A11 セルと貼り付けていくと，繰り返し計算をすることができ，4 ステップ目ぐらいで，$f(x,y), g(x,y)$ の値（E 列）が 0 になり，収束することがわかる．

結果

	A	B	C	D	E	F	G	H	I	J	K	L	M
1	step	x	1	f	1	(8.32)式	2	4	逆行列	0.142857	0.142857	dx	0
2	0	y	2	g	-1		5	-4		0.178571	-0.07143	dy	0.25
3	step	x	1	f	0.0625	(8.32)式	2	3.5	逆行列	0.142857	0.142857	dx	0
4	1	y	1.75	g	-0.0625		5	-3.5		0.204082	-0.08163	dy	0.017857
5	step	x	1	f	0.000319	(8.32)式	2	3.464286	逆行列	0.142857	0.142857	dx	-6.3E-17
6	2	y	1.732143	g	-0.00032		5	-3.46429		0.206186	-0.08247	dy	9.2E-05
7	step	x	1	f	8.47E-09	(8.32)式	2	3.464102	逆行列	0.142857	0.142857	dx	0
8	3	y	1.732051	g	-8.5E-09		5	-3.4641		0.206197	-0.08248	dy	2.45E-09
9	step	x	1	f	0	(8.32)式	2	3.464102	逆行列	0.142857	0.142857	dx	0
10	4	y	1.732051	g	0		5	-3.4641		0.206197	-0.08248	dy	0

図 8.16

C 列の値より，一つの解が $(1, 1.73)$ であることがわかる．もう一つの解は，図 8.4 のグラフより $(-1, 2)$ 付近にあることがわかるので，x, y の初期値として，C1 セルに -1，C2 セルに 2 を入力する．4 ステップぐらいで収束し，解が $(-1.28, 1.54)$ と求められる．■

演習問題

8.1 次の連立方程式を解け．

$$\begin{cases} 4x_1 - 5x_2 + 2x_3 = 8 \\ -5x_1 + 27x_2 - 9x_3 + 3x_4 = -20 \\ 2x_1 - 9x_2 + 6x_3 + x_4 = 6 \\ 3x_2 + x_3 + 2x_4 = -1 \end{cases}$$

8.2 次の連立方程式を解け．

$$\begin{cases} 3x_1 - 4x_3 + x_4 = 3 \\ x_1 + 2x_2 + x_3 - x_4 = 1 \\ x_3 + 4x_4 = 5 \\ 2x_1 + 3x_2 - 5x_4 = -3 \end{cases}$$

8.3 次の連立方程式を解け．

$$\begin{cases} x_2 + 3x_3 = 1 \\ x_1 + 2x_3 = 8 \\ x_1 + x_2 + x_3 = 1 \end{cases}$$

8.4 次の連立方程式を解け．答えは有効数字 3 桁で答えよ．

$$\begin{cases} 2x_2 + 3x_3 + x_4 - 2x_5 = 1 \\ x_1 + 4x_2 + 2x_3 - x_4 + 3x_5 = -3 \\ -2x_1 + 5x_3 + x_5 = 2 \\ 3x_1 - x_2 - 3x_3 - x_4 = -5 \\ 4x_2 + 3x_3 + 2x_4 - x_5 = 1 \end{cases}$$

8.5 図 8.17 の構造の固有周期（三つ）を求めよ．ただし，$m_1 = m_2 = m_3 = 1\,\mathrm{kg}$, $k_1 = k_2 = k_3 = 1\,\mathrm{N/m}$ とする．

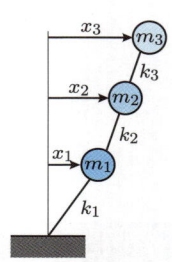

図 8.17 振動する 3 自由度系

8.6 【例題 8.2】で，$m_1 = 4\,\mathrm{kg}$, $m_2 = 1\,\mathrm{kg}$, $k_1 = 2\,\mathrm{N/m}$, $k_2 = 1\,\mathrm{N/m}$ の場合，二つの固有周期と固有振動モードを求めよ．

8.7 次の連立微分方程式が，$x = y = 0$ 以外の解，$x = Xe^{i\omega t}$, $y = Ye^{i\omega t}$ をもつとき，ω の値および X と Y の関係式を求めよ．

$$\begin{cases} \dfrac{d^2 x}{dt^2} + 3x - y = 0 \\ \dfrac{d^2 y}{dt^2} - x + 4y = 0 \end{cases}$$

8.8 次の連立微分方程式が，$x = y = 0$ 以外の解，$x = Xe^{i\omega t}$, $y = Ye^{i\omega t}$ をもつとき，ω の値および X と Y の関係式を求めよ．

$$\begin{cases} \dfrac{d^2 x}{dt^2} + 4x + y = 0 \\ \dfrac{d^2 y}{dt^2} + x + 2y = 0 \end{cases}$$

8.9 次の非線形連立方程式を解け．

$$\begin{cases} x^2 - 2x + y^2 = 0 \\ \cos x - y = 0 \end{cases}$$

8.10 次の非線形連立方程式を解け．

$$\begin{cases} x^2 - 2x + y^2 + y = -\dfrac{1}{4} \\ e^{-x} - 4y^2 = 0 \end{cases}$$

9 確率と統計

自然や人間社会の現象は，必ずしも毎回同じように発生するとは限らない．毎年発生する台風の数は年によって異なるうえに，その進路も毎回違う．交差点で信号待ちをしている人数は，時間帯によって多かったり少なかったりする．これらの現象を解明するためには，確率や統計の知識が必要になる．この章では，確率や統計の問題をコンピュータで扱う方法について学ぶ．

9.1 最小二乗法

9.1.1 データの傾向を見る

　実験データや観測データの傾向を見るために，データに直線や曲線をあてはめたいときがある．これを回帰直線あるいは回帰曲線という．その場合，すべてのデータについて，なるべく誤差が小さくなるように曲線を設定するのが妥当である．ある実験データの組 (x_i, y_i) が n 個ある場合，x_i における実際のデータ y_i と，x_i から回帰直線（曲線）によって推定された値 $f(x_i)$ との差 $y_i - f(x_i)$ が誤差 δ_i であり，推定値のほうが小さければ δ_i は正，大きければ δ_i は負になる．このように，誤差 δ_i には正負があるので，そのまま合計して $\sum_{i=1}^{n} \delta_i$ を求めたとしたら，誤差全体の大きさを評価できない．そこで，δ_i を 2 乗して正の値に直して合計した二乗和 $\sum_{i=1}^{n} \delta_i{}^2$ で誤差全体の大きさを評価する．誤差の二乗和を最小にするように回帰直線（曲線）を決定するのが，最小二乗法という手法である．

　それでは，直線 $y = \alpha x + \beta$ で近似することを考えて実際の手順を説明しよう．誤差

$$\delta_i = y_i - f(x_i) = y_i - (\alpha x_i + \beta) \tag{9.1}$$

の二乗和

$$z = \sum_{i=1}^{n} \delta_i{}^2 = \sum_{i=1}^{n} \{y_i - f(x_i)\}^2 = \sum_{i=1}^{n} \{y_i - (\alpha x_i + \beta)\}^2 \tag{9.2}$$

を最小にすることを考える．係数 α, β をいろいろと変化させたときに z が最小になるところを探す（図 9.1）には，4 章で説明したように z を α, β でそれぞれ偏微分して 0 になるところを求めればよい（図 9.2）．

　つまり，$\partial z / \partial \alpha = 0$ かつ $\partial z / \partial \beta = 0$ となる α, β を求めれば，それが回帰式の係数

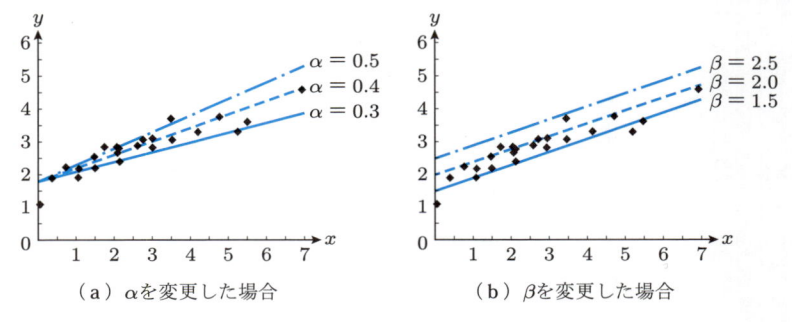

（a）αを変更した場合　　　　　（b）βを変更した場合

図 9.1　近似直線の傾き α あるいは接片 β を変えた場合

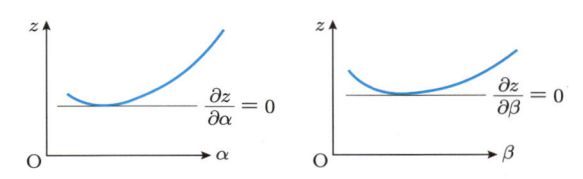

図 9.2　α や β の値と誤差の二乗和 z との関係

になる.
$$\frac{\partial z}{\partial \alpha} = \sum_{i=1}^{n}[-2x_i\{y_i - (\alpha x_i + \beta)\}] = 0$$ より，$\sum_{i=1}^{n}\{x_i y_i - (\alpha x_i{}^2 + \beta x_i)\} = 0$ であり，これを整理すると，

$$\alpha \sum_{i=1}^{n} x_i{}^2 + \beta \sum_{i=1}^{n} x_i = \sum_{i=1}^{n} x_i y_i \tag{9.3}$$

になる. $\frac{\partial z}{\partial \beta} = \sum_{i=1}^{n}[-2\{y_i - (\alpha x_i + \beta)\}] = 0$ より，$\sum_{i=1}^{n}\{y_i - (\alpha x_i + \beta)\} = 0$ となり，これを整理すると，

$$\alpha \sum_{i=1}^{n} x_i + \beta \cdot n = \sum_{i=1}^{n} y_i \tag{9.4}$$

になる．式 (9.3), (9.4) を行列を使って表示すると，次式になる．

$$\begin{bmatrix} \sum x_i{}^2 & \sum x_i \\ \sum x_i & n \end{bmatrix} \begin{Bmatrix} \alpha \\ \beta \end{Bmatrix} = \begin{Bmatrix} \sum x_i y_i \\ \sum y_i \end{Bmatrix} \tag{9.5}$$

この連立方程式を解けば，回帰直線 $y = ax + \beta$ の係数 α, β が求められる．連立方程式は，8 章で述べた方法で解けばよい．

9章　確率と統計

> **例題 9.1**　次の 5 組のデータに対し，最小二乗法で回帰直線の式を求めよ．
>
> $(x\ y) = (1\ 2), (3\ 5), (4\ 4), (7\ 8), (10\ 10)$

解　**データの入力**　Excel に，次のように入力する．

入力	A	B
1	x	y
2	1	2
3	3	5
4	4	4
5	7	8
6	10	10

図 9.3

A, B 列を選択して，「挿入」メニューから「散布図（マーカーのみ）」のグラフを選択すれば，図 9.4 のように五つのデータが表示される．これに，直線をあてはめることを考える．

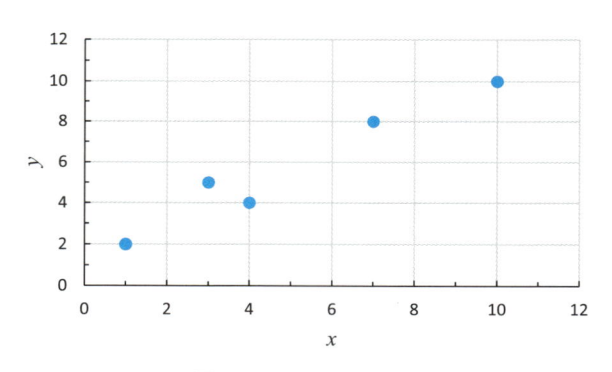

図 9.4　サンプルデータ

計算の実行　式 (9.5) より，x や y の合計，x^2 の合計（二乗和），そして x, y の積の和が必要となるので，合計を計算する SUM( ) 関数，二乗和を計算する SUMSQ( ) 関数，積の和を計算する SUMPRODUCT( ) 関数を使う．

=SUM(A2:A6) で，A2〜A6 セルの和が求められる．

=SUMSQ(A2:A6) で，A2 セルの 2 乗から A6 セルの 2 乗までの和が求められる．

=SUMPRODUCT(A2:A6, B2:B6) で，A2 セル × B2 セルから，A6 セル × B6 セルまでの和が求められる．

=COUNT(A2:A6) で，A2〜A6 セルのデータの個数が求められる．この例題では，問題にデータ数が与えられているので，5 と直接入力してもよい．

式 (9.5) は $Ax = b$ という形をしているので，左辺の行列 A と，右辺のベクトル b を作る．

9.1 最小二乗法

	D	E	F
1	A		b
2	=SUMSQ(A2:A6)	=SUM(A2:A6)	=SUMPRODUCT(A2:A6, B2:B6)
3	=SUM(A2:A6)	=COUNT(A2:A6)	=SUM(B2:B6)

図 9.5

この連立方程式を解くため，A^{-1} を求め，それに b をかけて解ベクトル x を求める．

	D	E	F
4	A(-1)		x
5			
6			

図 9.6

D5～E6 セルを選択した状態で，`=MINVERSE(D2:E3)` と入力して Shift+Ctrl+Enter で，逆行列を計算する．次に，F5～F6 セルを選択した状態で，`=MMULT(D5:E6, F2:F3)` と入力して Shift+Ctrl+Enter で，x を求める．

	D	E	F	
1	A		b	
2	175	25	189	
3	25	5	29	
4	A(-1)		x	
5	0.02	-0.1	0.88	α
6	-0.1	0.7	1.4	β

図 9.7

得られた二つの値のうち，F5 セルの値が式 (9.3) の α，F6 セルの値が β に相当する．この例では，$y = 0.88x + 1.4$ が得られた回帰直線の式となる．

グラフの作成　データの近似式として正しそうか，グラフを描いて目で見てチェックしよう．C 列に，$y = \alpha x + \beta$ の値を入力する．C2 セルに式を入力し，それを C3～C6 セルにコピーする．

	A	B	C
1	x	y	
2	1	2	=$F$5*A2+$F$6
3	3	5	上のセルをコピーする
4	4	4	
5	7	8	
6	10	10	

図 9.8

先ほど描いたデータのグラフに，この近似値を追加しよう．グラフを右クリックし，「データの選択」を選ぶ．表示された図 9.9 のウィンドウの「追加」ボタンを押す．

図 9.9　データの選択画面

図 9.10　系列の編集画面

「系列の編集」という図 9.10 の画面が表示されるので，「系列名」に「近似値」と入力，「系列 X の値」は右の ボタンを押して，A2〜A6 セルを選んで Enter キーを押す．「系列 Y の値」は ボタンを押して C2〜C6 セルを選んで Enter キーを押す．これで「近似値」という系列が追加されたので，「OK」ボタンを押す．次に，近似値のデータを線でつなぐことにする．グラフをクリックし，上の「グラフツール」の「書式」メニューを選ぶ．左の編集対象を図 9.11 のように「系列 "近似値 "」とし，その下の「選択対象の書式設定」をクリックする．

(a) グラフ要素　　　　　　　　(b) 選択対象の書式設定

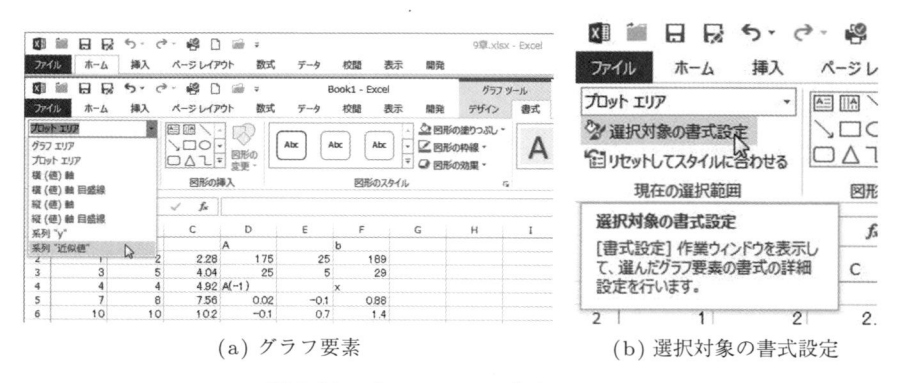

図 9.11　グラフツールの書式メニュー

表示された図 9.12 の「データ系列の書式設定」画面で，「塗りつぶしと線」→「線」で「線（単色）」にチェックをして好きな色を選び，次に「マーカー」という文字をチェックして「マーカーのオプション」を「なし」にする．データのほぼ中央を直線が通っているかどうかを確認する．

図 9.12　データ系列の書式設定画面

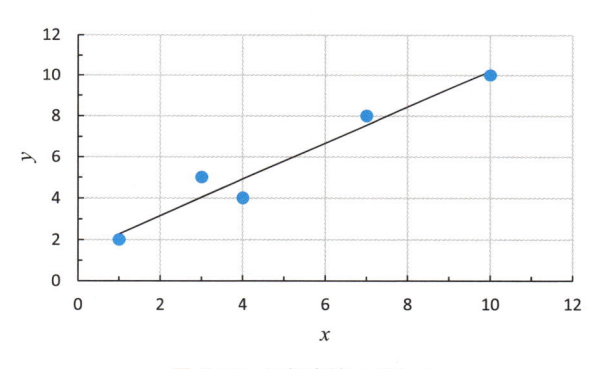

図 9.13　回帰直線のグラフ

9.1.2 相関係数

近似式が，データをどれだけ近似したことになっているかを計る指標の一つに，相関係数がある．相関係数 R は，次式で定義される．

$$R = \frac{s_{xy}}{s_x s_y} \tag{9.6}$$

ここで，s_{xy} は共分散，s_x, s_y はそれぞれ x_i, y_i の標準偏差であり，次式で定義される．

$$s_{xy} = \frac{1}{n-1} \sum_{i=1}^{n}(x_i - \overline{x})(y_i - \overline{y}) = \frac{1}{n-1}\left(\sum_{i=1}^{n} x_i y_i - n\overline{x} \cdot \overline{y}\right) \tag{9.7}$$

$$\begin{cases} s_x = \sqrt{\dfrac{1}{n-1}\sum_{i=1}^{n}(x_i-\overline{x})^2} = \sqrt{\dfrac{1}{n-1}\left(\sum_{i=1}^{n}x_i{}^2 - n\overline{x}^2\right)} \\ s_y = \sqrt{\dfrac{1}{n-1}\sum_{i=1}^{n}(y_i-\overline{y})^2} = \sqrt{\dfrac{1}{n-1}\left(\sum_{i=1}^{n}y_i{}^2 - n\overline{y}^2\right)} \end{cases} \tag{9.8}$$

ここで，$\overline{x}$ は x_i の平均値であり，$\overline{y}$ は y_i の平均値である．

$$\overline{x} = \frac{1}{n}\sum_{i=1}^{n}x_i, \quad \overline{y} = \frac{1}{n}\sum_{i=1}^{n}y_i \tag{9.9}$$

相関係数 R は $-1 \sim 1$ の間になり，正なら右上がりのグラフ，負なら右下がりのグラフとなる．絶対値が 1 に近いほど相関が高いといえる．ただし，相関係数が小さくても，ある種の相関が存在する場合もあるので，必ずグラフで確認する必要がある．相関係数はあくまでも直線的な関係を評価するものである．

また，相関係数ではなく決定係数を使って評価する場合もある．決定係数 R^2 には複数の定義が存在するが，代表的なものは，次式で定義されるもので，式変形していくと式 (9.6) の相関係数の 2 乗と等しくなる．

$$R^2 = \frac{\sum_{i=1}^{n}(\alpha x_i + \beta - \overline{y})^2}{\sum_{i=1}^{n}(y_i - \overline{y})^2} \tag{9.10}$$

決定係数は寄与率とも呼ばれ，データのばらつき（分散）のうち，回帰式によって説明できるばらつきの割合を表している．

例題 9.2 【例題 9.1】で用いたデータの相関係数と決定係数を計算せよ．

解 式 (9.6)〜(9.9) を見れば，これまでに使った関数で計算ができることがわかる．平均は `AVERAGE( )` 関数を使う．

相関係数が 0.97 と大きく，x と y の間の相関が高いことがわかる．

9.1 最小二乗法

入力

	G	H	
1	x-a	=AVERAGE(A2:A6)	xの平均$\bar{x}$
2	y-a	=AVERAGE(B2:B6)	yの平均$\bar{y}$
3	sxy	=(SUMPRODUCT(A2:A6, B2:B6)−5*H1*H2)/4	式(9.7)のs_{xy}
4	sx	=SQRT((SUMSQ(A2:A6)−5*H1^2)/4)	式(9.8)のs_x
5	sy	=SQRT((SUMSQ(B2:B6)−5*H2^2)/4)	式(9.8)のs_y
6	R	=H3/H4/H5	式(9.6)のR
7	R2	=H6^2	R^2

⇩

結果

	G	H
1	x-a	5
2	y-a	5.8
3	sxy	11
4	sx	3.536
5	sy	3.194
6	R	0.974
7	R2	0.949

図 9.14

9.1.3 Excelの機能を使った最小二乗法

　Excelには，最小二乗法で回帰曲線を描いたり，決定係数R^2を求めたりする機能も備えられている．図9.3のようなグラフを描いた後にグラフをクリックし，「グラフツール」の「デザイン」メニューから，図9.15のようにグラフ要素を追加→近似曲線→線形と選べば，回帰直線が表示される．次に，その回帰直線をダブルクリックするか，「グラフツール」の「書式」メニューから「系列"y"近似曲線」の書式設定画面を表示する．「グラフに数式を表示する」と「グラフにR-2乗値を表示する」にチェックを入れれば，回帰直線の式とR^2の値が表示される．

　その他，近似曲線として指数や対数や多項式など，種々のものが選べる．したがって，最小二乗法による近似をExcelで行う場合，実際にこの章で説明した計算をする必要はない．しかし，最小二乗近似がどのような考えで計算されているのか，その原理を知っておくことが重要である．

　また，あまり高次の多項式を選ぶと，全体的な傾向をつかむという最小二乗法本来の意味から離れてしまう．すべての点を誤差なく通る線が必要であれば，3章で学んだ補間の考え方を用いればよい．理論式がn次曲線であればn次の多項式で近似するのが妥当だが，そうでない場合には線形近似で十分なことが多い．指数近似や対数近似なども，裏付けとなる理論がない場合には信頼性が低い．Excelで計算できるからという理由だけで，複雑な回帰曲線を用いることは避けたほうがよい．

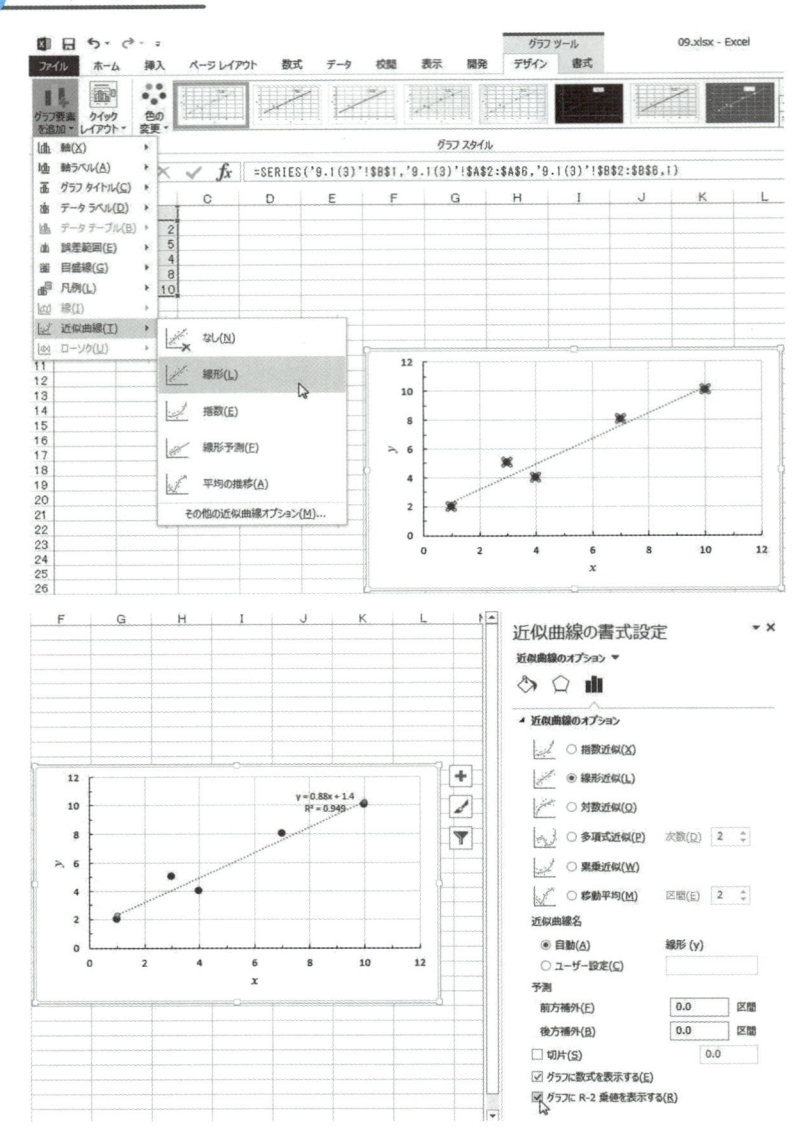

図 9.15

9.2 モンテカルロ・シミュレーション

9.2.1 乱　数

　乱数（random number）を使って計算をすることを，モンテカルロ法（Monte Carlo method），あるいはモンテカルロ・シミュレーションという．カジノで有名なモンテ

9.2 モンテカルロ・シミュレーション

カルロという地名にちなんだ名称である．

数値シミュレーションの対象となる現象には，確率論的な現象と決定論的な現象がある．たとえば，サイコロのそれぞれの目が出る確率が 1/6 であることを確かめるために，数百回，数千回とサイコロを振ることは，確率論的な現象のシミュレーションである．コンピュータを使えば，数万回でも繰り返して計算することが容易であり，確率論的な現象の解明に役立っている．一方，決定論的な現象の解明にも，問題となる方程式の解法として，乱数を使った近似解法を利用することができる．

乱数とは，ある指定された確率分布に従って出現する一連の数である．まったく規則のない順番で出てくる乱数（どの数が出る確率も等しい）は，一様乱数と呼ばれる．しかし，コンピュータで乱数を発生する場合には何らかの計算式を使うことになるため，どうしてもある一定の規則をもった数しか生成することができない．そのため，コンピュータで発生させる乱数は疑似乱数と呼ばれる．疑似乱数は近似的な乱数ではあるが，実用上は問題のない不規則性をもった数である．

9.2.2 決定論的な対象の解析例

ここでは，円周率 π の値を，モンテカルロ・シミュレーションによって推定してみよう．円周率 π は決まった値であり，確率論的な値ではない．しかし，その近似値を求める方法に，確率的な考え方を利用することができる．

例題 9.3 円周率 π の値を，モンテカルロ・シミュレーションによって推定せよ．

解 **方法の説明** 図 9.16 に示す一辺が 2 の正方形に向けて，ダーツを何回も投げるとする．矢は必ずこの正方形の中に入るとしよう．その正方形の中央に半径 1 の円の的を書き，この円形の的に当たる確率について考える．正方形の面積は $2 \times 2 = 4$ であり，円の面積は $\pi \times 1^2 = \pi$ であるから，的に当たる確率は面積の比 $\pi/4$ になる．このことを使って，モンテカルロ・シミュレーションを行う．乱数を多数発生させ，的に当たった確率を求めて 4 倍すれば，π の値になるはずである．

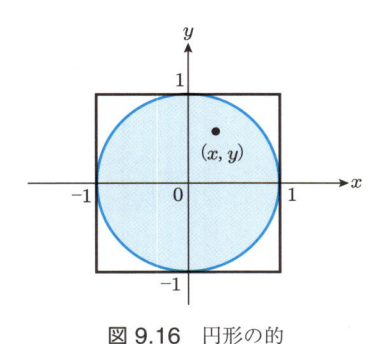

図 9.16 円形の的

図 9.17 第 1 象限だけを考えた 1/4 円の的

まず，-1〜1 の間の乱数を二つ発生させる．たとえば，0.35 と 0.77 だったとする．これをそれぞれ x 座標，y 座標だと考えると，この点は必ず一辺 2 の正方形の中の点であり，前述の条件を満たす．

次に，これが半径 1 の円の中に入っているかどうかを判断する．円の中に入っているためには，中心から点までの距離が半径 1 以内でなければならない．$x = 0.35, y = 0.77$ だとすれば，x^2 と y^2 を足した値（0.7154）が，正方形の中心からの距離の 2 乗になる．したがって，この値が 1^2（つまり 1）以下であれば円の中に入っていることになる．0.7154 は 1 以下だから，$(x, y) = (0.35, 0.77)$ という点は円の中に入っている．A2 セルに x の値，B2 セルに y の値が入っているとすれば，=IF (A2*A2+B2*B2<=1, 1, 0) という判断文で，円の中に入っていればそのセルに 1 が，入っていなければ 0 が代入されることになる．

これを何回も繰り返し（**試行**という），円の中に入った場合の数 n を数える．そして，円の中に入った数 n を試行数で割れば，円の中に入る確率が求められる．これを 4 倍すれば π の近似値が求められる．

乱数の発生　Excel の RAND( ) 関数は 0〜1 の乱数を発生するので，図 9.17 のように第 1 象限だけを考えると便利である．正方形の面積 $= 1 \times 1 = 1$ であり，1/4 円の面積 $= \pi \times 1^2 \div 4 = \pi/4$ となって，的に当たる確率は図 9.16 の場合と同じになる．Excel で以下のように入力する．

A2, B2 セルに，0〜1 の乱数 x, y を入れる．座標 (x, y) が円の中に入っているかどうかを判断し，入っていれば 1，入っていなければ 0 を C2 セルに代入する．

入力	A	B	C
1	x	y	判定
2	=RAND( )	=RAND( )	=IF(A2*A2+B2*B2<=1, 1, 0)

図 9.18

これを，1000 回繰り返すことにする．2 行目の内容を 1001 行までコピーする．A2〜C2 セルを選択し，次に Shift キーを押したまま C1001 セルを選択して，Ctrl+D でコピーされる．どのような乱数が発生されたのかをグラフで確認する．A, B 列を選択し，「挿入」メニューから「散布図（マーカーなし）」のグラフを選ぶ．図 9.19 のように，0 と 1 との間に点が散らばっていることを確認してほしい．

確率の計算　確率を D2 セルで計算する．C2〜C1001 セルの合計（円の中に入った回数）を求め，それを個数 1000 で割って確率を求める．π の推定値は，その確率の 4 倍なので，E2 セルでそれを計算する．Excel が覚えている円周率の値は，PI( ) で計算されるので，それを F2 セルに入力し，誤差を G2 セルに入力する．誤差は，E2 セルの推定値と F2 セルの円周率との差の絶対値を，F2 セルの円周率で割った値で表す．F9 キーを押すと，その度に乱数が変化して円周率の推定値も変化する．数回試して誤差がどの程度かを調べよう．3.1 程度の値が求められ，誤差は 2% 程度になるはずである．

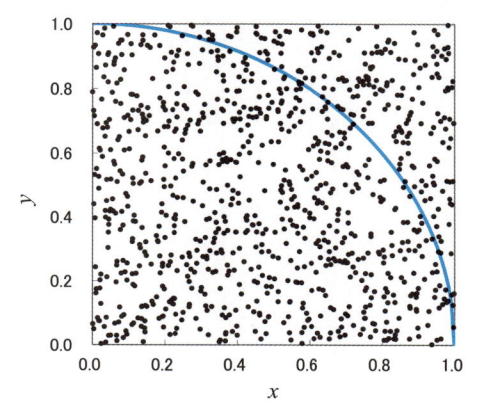

図 9.19　発生させた乱数（円弧はグラフに加筆）

	D	E	F	G
1	確率	推定値	円周率	誤差
2	=SUM(C2:C1001)/1000	=D2*4	=PI( )	=ABS(E2-F2)/F2

図 9.20

　モンテカルロ・シミュレーションで小数点以下2桁まで正しい円周率を求めるには，1万回程度の試行が必要とされる．小数点以下3桁まで正しい円周率を求めようと思えば，約1千万回の試行が必要となり，あまり効率的な手法ではない．また，使う乱数が疑似乱数のため，いくら試行回数を増やしても，そのうち同じ数字の列が出現してしまい，精度の向上には限界がある．

　それでは，このように非効率な方法の利点は何だろうか．それは，解析では求めにくい積分を，ここで使ったのと同じ手法で計算できることである．【例題9.3】では円周率を計算したが，もともと求めている内容は，1/4円の面積である．簡単な図形の面積だと普通の計算で求めることができるが，複雑な形の体積になると，計算に工夫が必要で難しいことも多い．ほかの数値解析手法では計算量が莫大になる問題も，この手法ではあまり計算量が増えないという利点がある．

9.2.3　確率論的な対象の解析例

　次に，確率論的な現象の解析例として，交通渋滞シミュレーションをしてみよう．

例題 9.4 図 9.21 のように，国道と市道が交差している交差点を考える．車の到着台数を乱数を発生させて決め，30 分の間にどの程度渋滞するかを計算せよ．ただし，解析条件は次の通りとする．

- 信号が青のとき，1 分間に交差点を通過できる車の台数は，国道 20 台，市道 10 台とする．
- 1 分間に交差点に到着する車の台数は，国道 10～20 台，市道 0～5 台でランダムに変化する．
- 車は直進しかしない．
- 信号は青か赤か，分単位で変わることとし，黄色などは考えない．
- 青と赤の時間はそれぞれ 1 分とし，渋滞状況を見てから変更するものとする．
- 最初は車が交差点にない状態を考え，各道路の片側一方向のみの計算をする．

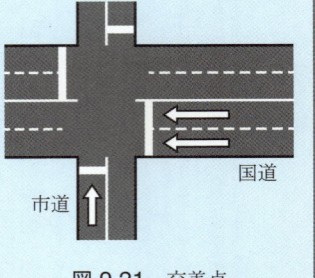

図 9.21　交差点

解　**データの入力**　まず，A, B 列にこれらの条件を入れる．B2, B3 セルの値は，初期値としてそれぞれ 1 分とする．B5, B6 セルは，国道が赤なら市道は青，国道が青なら市道は赤という関係を表している．

	A	B
1	国道の通過可能台数（台/分）	20
2	国道が青の時間（分）	1
3	国道が赤の時間（分）	1
4	市道の通過可能台数（台/分）	10
5	市道が青の時間（分）	=B3
6	市道が赤の時間（分）	=B2

図 9.22

次に，1～3 行目を入力する．C 列は，見やすいように空白にしておく．
D 列は時間とする．D2 セルに 0 分，D3 セルはそれに 1 分加える．

国道の計算　E 列は国道の交差点への到着台数で，0～1 の乱数を RAND( ) 関数で発生させ，それを 10 倍してから ROUND( ) 関数で四捨五入して 0～10 の数にして 10 を加えることにより，10～20 台がランダムに到着することを表す．ROUND(a,0) は，a という数字を小数点以下 0 桁，つまり整数に四捨五入する命令である．

F 列は交差点にいる車の台数で，最初は到着した台数 E2 セルと同じ，次からは，その前

	C	D	E	F
1		時間	国道の到着台数	国道の合計台数
2		0	=ROUND(RAND()*10,0)+10	=E2
3		=D2+1	上のセルをコピーする	=I2+E3

図 9.23

の段階で残った台数（I2 セル）に到着した台数（E3 セル）を加える．

G 列は国道の信号状況で，0 なら赤，1 なら青を表しているものとする．これは，時間 D2 セルを，青信号と赤信号の合計時間（B2, B3 セルの合計）で割った余りが，赤信号の設定時間より短ければ 0，そうでなければ 1 とすれば，信号状況を計算することができる．なぜこの計算でよいのかは，自分で考えてみよう．MOD(a,b) は a を b で割った余りを計算する関数である．

H 列は国道を通過する台数で，交差点にいる台数 F 列に G 列の値をかけることにより，赤なら G 列が 0 なので H 列の台数は 0（1 台も通らない）になる．青なら G 列が 1 なので，F 列の台数 ×1 と，1 分間に通過可能な台数（B1 セル）との小さいほう MIN( ) が H 列に設定される．

I 列は通れなかった車の台数，つまり渋滞している台数である．F 列の交差点にいた台数から，H 列の通過できた台数を引けばよい．

	G	H	I
1	国道の信号状況(0:赤, 1:青)	国道を通過する台数	国道の残留台数
2	=IF(MOD(D2,$B$2+$B$3)<$B$3,0,1)	=MIN(F2*G2,$B$1)	=F2-H2
3	上のセルをコピーする		

図 9.24

J 列は国道の計算と市道の計算を分けるために空欄にしている．

市道の計算 K 列は市道の到着台数で，国道と同じように乱数を使い，0〜1 の乱数を 5 倍して四捨五入することにより，0〜5 台がランダムに到着する状況を計算することができる．L 列は F 列と同様，市道の交差点にいる台数になる．

	J	K	L
1		市道の到着台数	市道の合計台数
2		=ROUND(RAND()*5,0)	=K2
3		上のセルをコピーする	=O2+K3

図 9.25

M 列は市道の信号状況で，IF 文を使って国道が赤（0）なら青（1），そうでなければ赤（0）にする．

N 列は国道の場合の H 列に，O 列は国道の場合の I 列に対応する．

	M	N	O
1	市道の信号状況(0:赤, 1:青)	市道を通過する台数	市道の残留台数
2	=IF(G2=0,1,0)	=MIN(L2*M2,$B$4)	=L2-N2
3	上のセルをコピーする		

図 9.26

グラフの作成 D3～O3 セルを選び，32 行目までコピーすれば，30 分間のシミュレーションができる．グラフを描いて渋滞状況を見てみよう．Ctrl キーを押しながら，D, I, O 列をマウスでクリックして選択し，「挿入」メニューからグラフの「散布図（直線)」を選ぶ．

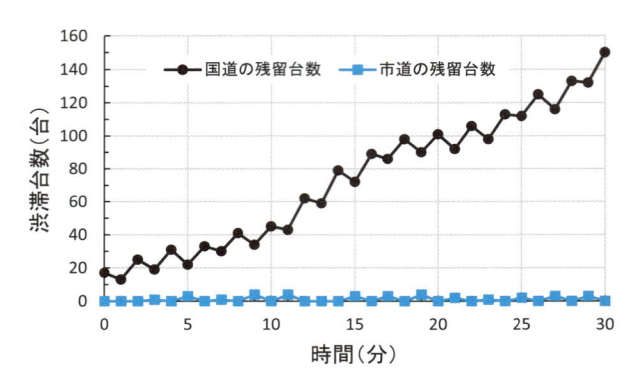

図 9.27 渋滞シミュレーション

F9 キーを何度か押して，渋滞状況の変化を見よう．国道の青信号と赤信号が 1 分ずつでは，図 9.27 のように国道の渋滞がどんどんひどくなることがわかる．国道の渋滞をなくすために，国道の青信号を 10 分，赤信号を 1 分にすると，今度は市道の渋滞がひどくなることがわかる．それでは，国道の青信号と赤信号を何分にすれば渋滞が解消されるだろうか．理想的にどちらも渋滞をなくすことはできないが，ある程度渋滞を解消することはできるはずである．最適な時間について検討してみてほしい．

このように，工学の問題ではどちらも渋滞を完全になくすという理想的な解が得られないことが多い．何らかの現実的な解を求めるための道具として，モンテカルロ・シミュレーションが利用されることがある．

9.3 確率分布

工学では，ばらつきがとても大きな意味をもっている．構造物を作るのに用いられるコンクリートや鉄などの材料は，強度が一定ではなくばらつくものである．また，道路を走行する車の数も一定ではなく，季節や曜日や時間によって変化する．一般には，このようなばらつきを考慮して，構造物に使用する材料を決めたり，【例題 9.4】のように道路・交通計画を策定したりすることになる．極めて稀に発生する強度不足を心配して，数倍の強度の材料を使用したり，普段は交通量が少ないのに祭りの日に混雑するからといって，片側 3 車線の道路を計画したりはしない．それでは，どれくらいの材料を用いるのか，どのような道路や信号の整備がよいのか，それを判断する方法

として，確率分布を用いた考え方がよく使われている．

たとえば，サイコロを1回振ったときの出目，2回振ったときの出目の和の確率は図9.28のようになる．当然のことながら，賭けをするときにはこの確率がどのようになっているか，すなわち確率分布を把握して勝負しないと損をすることになる．

（a）1回振ったときの出目

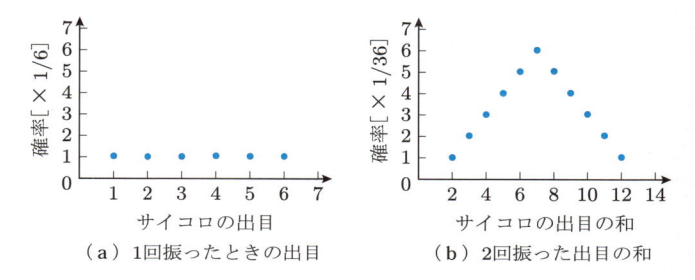

（b）2回振った出目の和

図9.28　サイコロの出目の確率分布

ここで，材料の強度や単位体積重量などの連続的な値を対象とする場合には連続型の確率分布，サイコロの出目や道路の通行車両の台数などの離散値を対象とする場合には離散型の確率分布が用いられる．本節では，代表的な連続型の確率分布として正規分布と指数分布，離散型の確率分布としてポアソン分布と二項分布について説明する．

9.3.1 連続型

（1）正規分布　自然や社会の現象は，サンプル数（標本数）を多くとると統計データが正規分布で近似できるものが多く，もっとも使用される確率分布モデルである．正規分布の確率密度関数は次式で示され，その分布は図9.29に示すように平均値を軸に左右対称のなだらかな分布を示す．

$$f(x) = \frac{1}{\sqrt{2\pi\sigma^2}} e^{-(x-\mu)^2/2\sigma^2} \tag{9.11}$$

ここに，μ は平均，σ は標準偏差である．図9.29の横軸は平均値 μ を中心に標準偏差 σ で正規化し，縦軸は確率密度関数 $f(x)$ に標準偏差をかけている．$y = \sigma \cdot f(x)$，

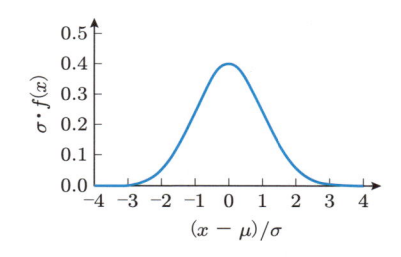

図9.29　正規分布の確率密度関数

$z = (x - \mu)/\sigma$ とおくと，式 (9.11) は

$$y = \frac{1}{\sqrt{2\pi}} e^{-z^2/2} \tag{9.11}'$$

になり，標準偏差 σ や平均値 μ が変わっても同じ図になる．つまり，標準偏差 σ が大きくなれば，$\sigma \cdot f(x)$ が一定であることから σ に反比例して確率密度関数 $f(x)$ の山が小さくなり，かつ，$(x - \mu)/\sigma$ が一定であることからその広がりは σ に比例して大きくなる．逆に，標準偏差 σ が小さくなれば確率密度関数 $f(x)$ の山が高くなり，かつ，勾配がきつくなる．

入試などで示される偏差値も，100 点満点の試験成績を正規分布に従うと考えたもので，平均 50 点，標準偏差 10 点として計算された値である．正規分布の場合，値が $\mu + \sigma, \mu + 2\sigma, \mu + 3\sigma$ 以上となる確率は 0.15866, 0.022750, 0.0013499 であるので，偏差値 70 の人は自分より上に約 2%，30 の人は自分より下に約 2%の人しかいないことを意味する．また，正規分布で，平均を 0，標準偏差を 1 に変換したものを**標準正規分布**という．

例題 9.5 ある構造物に，力 S が作用している．力 S の大きさは，平均値 $\mu_S = 60\,\mathrm{kN}$，標準偏差 $\sigma_S = 20\,\mathrm{kN}$ の正規分布に従うものとする．構造物の抵抗力 R の大きさが，平均値 $\mu_R = 100\,\mathrm{kN}$，標準偏差 $\sigma_R = 10\,\mathrm{kN}$ の正規分布に従う場合，構造物の強度 R より作用する力 S が上回る確率（破壊確率）P_f を求めよ．

解 抵抗力 R と作用する力 S の分布と，その差 $Z = R - S$ の分布を式 (9.11) を用いてグラフにすると，図 9.30 のようになる．図 (b) で $Z < 0$ となる青色の部分が，破壊する確率を表している．平均値では抵抗力のほうが十分大きくても，値がばらつくために抵抗力より作用する力のほうが大きくなって，構造物が破壊する可能性があることがわかる．

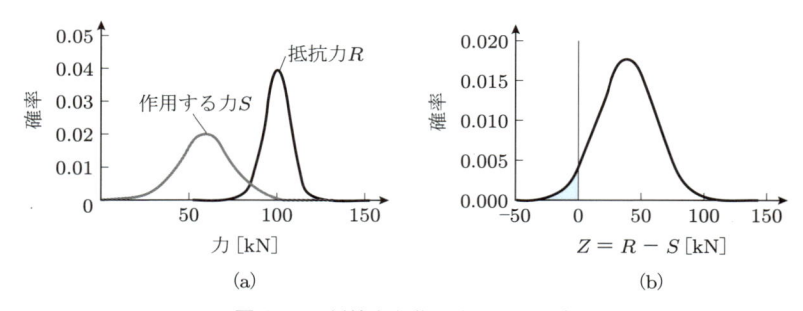

図 9.30 抵抗力と作用する力の分布

破壊確率を簡単に求めるには，モンテカルロ・シミュレーションの手法を用いればよい．次のような表を準備する．A列に作用する力Sを，B列に構造物の抵抗力Rを計算する．NORMINV( )関数で正規分布に従う乱数を発生させることができる．NORMINV(RAND( )，平均 ，標準偏差) という形式で指定する．C列には，SのほうがRより大きくなったら1を，そうでなければ0を入力する式を入れる．

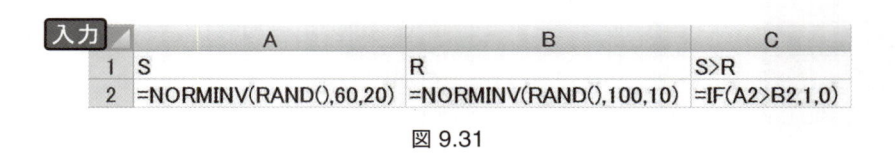

	A	B	C
1	S	R	S>R
2	=NORMINV(RAND(),60,20)	=NORMINV(RAND(),100,10)	=IF(A2>B2,1,0)

図 9.31

2行目のA2〜C2セルをコピーして，1001行目まで貼り付ける．これで，1000回の試行を行ったことになる．C列の合計を計算すると，何回SがRを上回ったかがわかるので，その回数を試行数1000で割れば，破壊確率P_fを求めることができる．

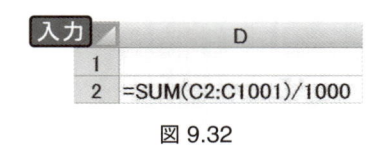

	D
1	
2	=SUM(C2:C1001)/1000

図 9.32

F9キーを何度か押して計算を繰り返すと，0.02〜0.04程度の確率になることがわかる．

(2) 指数分布 交差点に車が到着してから次の車が到着するまでの時間や，機械が故障する時間間隔など，ある偶発的な事象が発生する時間間隔として指数分布が用いられる．指数分布の確率密度関数は式 (9.12) で示され，発生時間の平均が $1/\lambda$，分散が $(1/\lambda)^2$ になる．その分布は，図 9.33 に示すように，右下がりでなだらかに0に収束するような分布を示す．

$$f(x) = \lambda e^{-\lambda x} \tag{9.12}$$

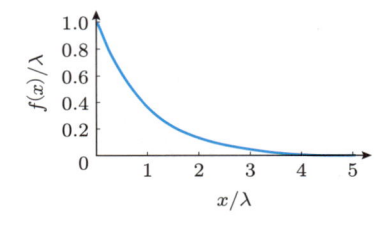

図 9.33 指数分布の確率密度関数

図 9.33 の横軸は，たとえば時間 x に平均 $1/\lambda$ をかけた値，縦軸は確率密度関数に平均 $1/\lambda$ をかけた値である．このように縦軸と横軸をとれば，正規分布の図 9.29 と同様に，平均値によらず指数分布の関数の形が同じになる．

> **例題 9.6** 交差点を車が 1 分間に平均 6 台通過するとして，20 s 間に車が 1 台以上通過する確率を求めよ．

解 x 分後に車がはじめて通過することを表す確率密度関数は，式 (9.12) で平均 $1/\lambda = 1/6$，つまり $\lambda = 6$ として $6e^{-6x}$ となる．20 s 間（1/3 分）に車が通過する確率は，0 s から 20 s までに車がはじめて通過する確率の合計になるので，確率密度関数を積分すると求められる．

$$\int_0^{1/3} 6e^{-6x} dx = \left[-e^{-6x}\right]_0^{1/3} = 1 - e^{-2} \fallingdotseq 0.865$$

Excel の式では，`=1-EXP(-2)` と入力する．あるいは，Excel の関数を使って，`=EXPONDIST( 1/3, 6, TRUE )` でも求められる． ∎

9.3.2 離散型

(1) ポアソン分布 指数分布は 9.3.1 項 (2) のように事象の発生時間に関する確率分布であったが，ポアソン分布（Siméon Denis Poisson，フランス，1781–1840）は，特定の時間内に事象が何回発生するかという確率分布である．9.3.1 項 (2) と同様に発生時間の平均を $1/\lambda$ とすると，単位時間における発生率は λ となる．このとき，時間 t の間に事象が x 回起こる確率は，次式で表される．

$$P_x = \frac{(\lambda t)^x}{x!} e^{-\lambda t} \quad (x = 1, 2, \cdots) \tag{9.13}$$

λt が大きくなると，図 9.34 に示すように正規分布に近づく．

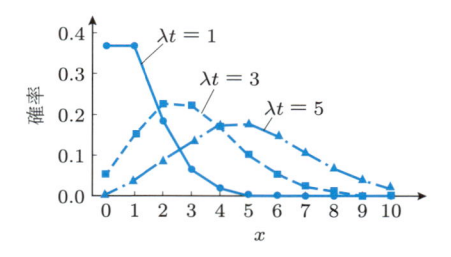

図 9.34 ポアソン分布の確率関数

例題 9.7　【例題 9.6】と同じ交差点を車が一分間に平均 6 台通過する場合，10 s 間に x 台 $(x=1,2,\cdots,6)$ だけ通過する確率 P_x を求めよ．

解　次のような表を用意し，式 (9.13) を入力する．題意より，発生率 $\lambda = 6$ 台/分，時間 $t = 1/6$ 分である．C4～G4 セルに数字を入れ，B5 セルをコピーして C5～G5 セルに貼り付ける．

入力

	A	B	C	D	E	F	G
1	lambda	=6					
2	t	=1/6					
3	lambda.t	=B1*B2					
4	x	1	2	3	4	5	6
5	Px	=($B$3)^B4*EXP(-$B$3)/FACT(B4)	左のセルをコピーする				

⇩

結果

	A	B	C	D	E	F	G
1	lambda	6					
2	t	0.166667					
3	lambda.t	1					
4	x	1	2	3	4	5	6
5	Px	0.367879	0.18394	0.061313	0.015328	0.003066	0.000511

図 9.35

結果として，$P_1 = 0.37$, $P_2 = 0.18$, $P_3 = 0.061$, $P_4 = 0.015$, $P_5 = 0.0031$, $P_6 = 0.00051$ となる．

(2) 二項分布　ポアソン分布に劣らず重要な離散分布として，二項分布がある．規定を満足するかしないかの判断のように，結果が○か×かの 2 種類しかなく，それぞれの結果がほかの結果の影響を受けずに同確率であるケースに対して適用される．たとえば，規定を満足しない確率が p の製品 n 個のうち，満足しない製品が x 個ある確率関数は次式の二項分布で示される．

$$P_x = \frac{n!}{x!(n-x)!} p^x (1-p)^{n-x} \tag{9.14}$$

例題 9.8　鉄筋の製作にあたって，強度不足の鉄筋の発生確率が 0.01 だとする．100 本の鉄筋中に強度不足の鉄筋がない確率と，1 本だけある確率を求めよ．また，強度不足の鉄筋が 2 本以上ある確率と，3 本以上ある確率も計算せよ．

解　式 (9.14) の $p = 0.01$, $n = 100$ であり，次のような表を用意する．

	A	B
1	p	0.01
2	1−p	=1−B1
3	n	100
4	x	0
5	n−x	=$B$3−B4
6	Px	=FACT($B$3)/FACT(B4)/FACT(B5)*$B$1^B4*$B$2^B5

図 9.36

これで $x=0$ のときの値が計算され，強度不足の鉄筋がない確率は B6 セルより $P_0 = 0.366$ となる．つまり，発生確率が1%と小さな値でも，100本あれば1本は強度が不足する確率が $100-36.6=63.4\%$ にもなる．製品の数が多くなると品質管理が難しいことを表している．

次に，$x=1, 2$ の場合を計算するため，C4, D4 セルに 1, 2 を入力する．

	C	D
4	1	2
5		
6		

図 9.37

B5, B6 セルを選択してコピーし，C5〜D6 セルに貼り付ける．

	A	B	C	D
1	p	0.01		
2	1−p	0.99		
3	n	100		
4	x	0	1	2
5	n−x	100	99	98
6	Px	0.366032	0.36973	0.184865

図 9.38

強度不足の鉄筋が1本だけある確率は $P_1 = 0.370$，2本だけある確率は $P_2 = 0.185$ になる．したがって，強度不足の鉄筋が2本以上ある確率は，$1-P_0-P_1 = 0.264$ になり，3本以上ある確率は，$1-P_0-P_1-P_2 = 0.0794$ になる．強度不足の鉄筋が100本中に1本はある確率が63%もあると述べたが，3本以上強度不足が発生する確率は8%と低いこともわかる．

二項分布を用いると，システムの信頼性を評価することもできる．複数の要素からなるシステムは，構成要素一つ一つの信頼性がシステム全体の信頼性に大きく影響する．また，それぞれの構成要素がどのように関係しているかによっても，システムの

信頼性はかなり違ってくる．

システムを構成する要素一つの破壊確率を p とし，要素が n 個繋がっている図 9.39 のような直列システムを考える．一つでも要素が破壊すると，システムは機能しなくなる．システムの信頼性（機能する確率）を二項分布で求めよう．式 (9.14) より，0 個の要素が破壊する確率（つまり全部の要素が破壊しておらずシステムが機能する確率）は，

$$P_0 = (1-p)^n \tag{9.15}$$

となる．

図 9.39　直列システム

それでは，具体的に計算してみよう．要素の破壊確率を 0.01，要素数を 10 とし，次のような表を作る．C3 セルには式 (9.15) を入力する．

図 9.40

一つ一つの要素の信頼性が $1 - 0.01 = 0.99$ と十分に高くても，システム全体の信頼性は 0.90 に低下してしまう．現代では，要素数が 1 万以上あるシステムも珍しくはない．それらがすべて直列にならんでいるシステムでは，システム全体の信頼性は非常に小さい．システムを構成する要素数が増えて 1000 になれば 0.4 以下に，10000 になれば 10^{-5} の信頼性になってしまう．これは，直列システムでは一つの不具合がシステム全体を止めてしまうからである．Excel の B2 セルを 1000 や 10000 にして確認してみよう．それでは，これを解決するにはどうしたらよいだろうか．図 9.41 のような並列システムを考えよう．

並列システムの信頼性は，すべての要素が破壊してしまう確率を 1 から引いた値になる．式 (9.14) の P_x では，$x = n$ のときがすべて破壊してしまうことに相当するので，

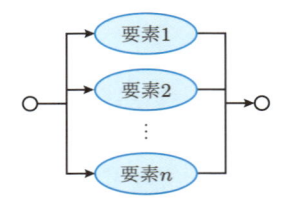

図 9.41　並列システム

$$1 - P_n = 1 - p^n \tag{9.16}$$

と表すことができる．一つ一つの要素の破壊確率が 0.5 の場合を考え，要素の数を 4 にしてみる．次のように入力すると，C2 セルよりシステムの信頼性が約 0.94 になることがわかる．

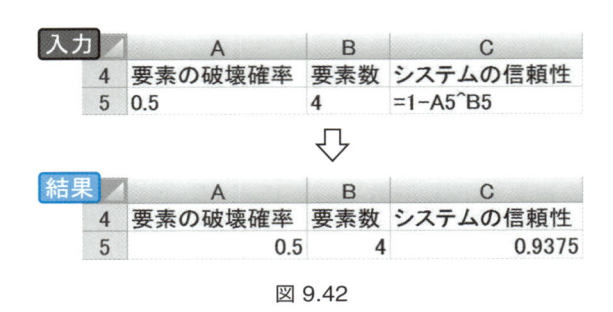

	A	B	C
4	要素の破壊確率	要素数	システムの信頼性
5	0.5	4	=1-A5^B5

	A	B	C
4	要素の破壊確率	要素数	システムの信頼性
5	0.5	4	0.9375

図 9.42

破壊確率 0.5，つまり 2 回に 1 回は破壊してしまうような信頼性の低い要素でも，4 個並列に並んでいれば，システムは 10 回に 9 回はうまく機能することになる．たとえ信頼性の低い要素でも，複数が並列に存在していればシステム全体の信頼性は上がることがわかる．システムを構築する場合には，必ず並列システムを一部でも取り入れて，システム全体の信頼性を上げることが重要である．

演習問題

9.1 次の 5 組の計測データがある．

$$(x\ y) = (1\ 4),\ (3\ 2),\ (4\ 5),\ (7\ 7),\ (10\ 8)$$

最小二乗法で近似式を求め，相関係数 R を計算せよ．また，$(x\ y) = (3\ 2)$ が計測ミスによるものだとし，この値を除いた 4 組のデータで計算した場合の相関係数を計算せよ．

9.2 次の 6 組の実験データがある．直線回帰式と，相関係数を求めよ．

表 9.1

a	1.3	2.1	5.3	5.7	7.3	9.4
b	1.5	3.2	4.4	7.1	8.0	9.6

9.3 一辺 1 cm の正方形 ABCD がある．各点から半径 1 cm の円弧を図のように描いたときにできる図形 EFGH の面積を，試行回数 1000 回のモンテカルロ・シミュレーションで求めよ．

図 9.43

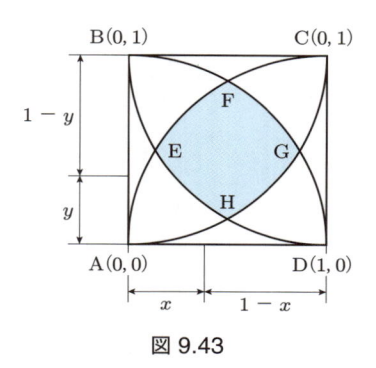

ヒント Excel の IF 文で，
① (x, y) が ABFGD で囲まれる 1/4 円に入る条件式は，`x^2+y^2<=1`
② (x, y) が BCGHA で囲まれる 1/4 円に入る条件式は，`x^2+(1-y)^2<=1`
③ (x, y) が CDHEB で囲まれる 1/4 円に入る条件式は，`(1-x)^2+(1-y)^2<=1`
④ (x, y) が DAEFC で囲まれる 1/4 円に入る条件式は，`(1-x)^2+y^2<=1`

①〜④すべてが満足されたとき，(x, y) は EFGH 内部の点である．判定①で 1 か 0 （つまり，`=IF(x^2+y^2<=1, 1, 0)`），判定②で 1 か 0，判定③で 1 か 0，判定④で 1 か 0 とし，判定①〜④の結果値を足して 4 になれば，EFGH 内部の点になる．

9.4 図のようなお面を作った．青い部分の面積を求めよ．各パーツは円でできており，中心座標と半径は以下の通り（単位：cm）である．
①中心座標 (5.0, 4.5) 半径 4.5

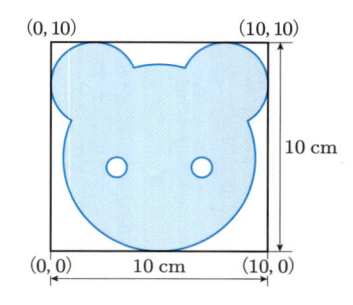

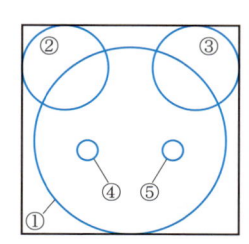

図 9.44

②中心座標（2.0, 8.0）半径 2.0
③中心座標（8.0, 8.0）半径 2.0
④中心座標（3.0, 4.0）半径 0.5
⑤中心座標（7.0, 4.0）半径 0.5

ヒント ④，⑤の白い部分の面積は簡単に計算できるので，①〜③で構成される部分の面積を試行回数 1000 回のモンテカルロ・シミュレーションで求め，④，⑤の面積を引けばよい．0〜10 の乱数を二つ発生させてそれぞれ x 座標と y 座標にすれば，ある値 (x, y) が①〜③のいずれかの円に入っている条件は，円の中心座標を (x_0, y_0)，半径を r とすれば，$(x-x_0)^2 + (y-y_0)^2 \leq r^2$ で表される．

9.5 モンテカルロ・シミュレーションで半径 $r = 1$ の球の体積を求めよ．ただし，試行回数は 1000 回とする．

ヒント 図のような立方体を考える．0〜1 の乱数を三つ発生し，それぞれ x 座標，y 座標，z 座標と考える．そうすると，この点は一辺 1 の立方体の中の点である．球の方程式 $x^2 + y^2 + z^2 = r^2$ を利用して，球の中に点が入っているかどうかを判定する．球の中に入った確率 = 1/8 に切った球の体積 ÷ 一辺 1 の立方体の体積である．したがって，確率を 8 倍すれば半径 $r = 1$ の球の体積になる．球の体積を求める公式 $(4/3)\pi r^3$ と比較すれば精度がわかる．

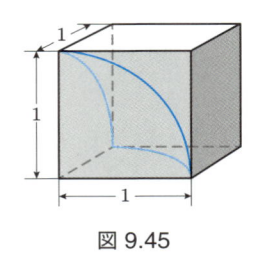

図 9.45

9.6 【例題 9.4】の交通渋滞シミュレーションで，国道の青信号と赤信号を，それぞれ何分にすれば渋滞がある程度解消されるかを考えよ．

9.7 ある構造物の別々の場所に，力 S_1, S_2 が同時に作用している．力 S_1 の大きさは，平均値 $\mu_{S1} = 60\,\mathrm{kN}$，標準偏差 $\sigma_{S1} = 20\,\mathrm{kN}$ の正規分布，力 S_2 の大きさは，平均値 $\mu_{S2} = 40\,\mathrm{kN}$，標準偏差 $\sigma_{S2} = 40\,\mathrm{kN}$ の正規分布，構造物の抵抗力 R の大きさは，平均値 $\mu_R = 100\,\mathrm{kN}$，標準偏差 $\sigma_R = 10\,\mathrm{kN}$ の正規分布に従うものとする．構造物の強度 R より作用する力 S_1 または S_2 が上回る確率 P_f を求めよ．

9.8 図のように，8 個の要素から構成されているシステムがある．それぞれの要素の破壊確率は 0.01 である．システム全体が機能する確率を求めよ．

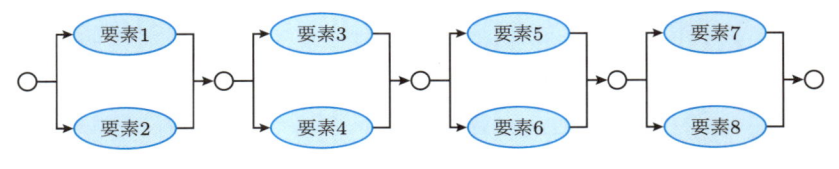

図 9.46

9.9 市役所の窓口を訪れる人を数えたら，10 分間に 20 人であった．人の到着はポアソン分布に従うと仮定する．1 分間に 2 人以上訪れる確率を推定せよ．

9.10 地震が発生してから次の地震が発生するまでの時間が，ポアソン分布に従うと仮定する．平均して 100 年に 1 回，地震が発生する場所で，1 年に 2 回地震が発生する確率を求めよ．

Column 標準偏差

式 (9.8) は高校時代に習った標準偏差とちょっと違うと思った人は優秀である．高校時代の標準偏差は次式で定義されていたはずである．

$$\begin{cases} \sigma_x = \sqrt{\dfrac{1}{n}\sum_{i=1}^{n}(x_i - \overline{x})^2} = \sqrt{\dfrac{1}{n}\sum_{i=1}^{n}x_i^2 - \overline{x}^2} \\ \sigma_y = \sqrt{\dfrac{1}{n}\sum_{i=1}^{n}(y_i - \overline{y})^2} = \sqrt{\dfrac{1}{n}\sum_{i=1}^{n}y_i^2 - \overline{y}^2} \end{cases} \quad (9.8)'$$

ルートの中を $(n-1)$ で割るか n で割るかの違いである．式 (9.8)' の，σ_x, σ_y は母標準偏差，式 (9.8) の s_x, s_y は標本標準偏差と呼ばれている．本書では式 (9.8) の標本標準偏差に基づいて解説した．なぜなら，実務上そのほうが適切だからである．

たとえば，工事で使われる鉄筋の強度のばらつきを推定するためには，サンプルを抽出する必要がある．前者が母集団で，後者が標本である．標本の標準偏差は母集団の標準偏差（母標準偏差）よりも小さくなる傾向がある．ある強度の製品を発注した場合，すべてがその強度以上であるというのは無理な相談である．大事なところに使うので全品検査したいと思っても，破断試験をすれば使い物にならなくなるので無理である．その場合には製品からサンプルを抽出し，その標準偏差を用いて，納入品の◯%以上が要求する強度を満足することを確かめるという方法が採られる．鉄筋の強度が正規分布に従うと仮定すると，強度と標準偏差には平均値 μ を中心に図 9.5 のような関係が成り立つ．

図 9.5 や式 (9.11) によれば，$\mu - 2\sigma$ の強度以上の鉄筋は 97.7% 存在すると考えることができる．この場合，少ないサンプルで式 (9.8)' から標準偏差を求め，強度不足の鉄筋が 2.3% しかないと考えてしまうと危険である．前述のように，標本の標準偏差は母標準偏差よりも小さい傾向があるので，さらに危険である．したがって，母標準偏差より少し大きめの標本標準偏差を用いて，製品を検査するほうが安全である．これを安全側の照査と呼ぶ．工学では常に，危険側ではなく安全側で物事を評価することが重要である．なお，式 (9.8) と式 (9.8)' を見ればわかるように，サンプル数が大きくなると母標準偏差と標本標準偏差の差は小さくなる．

10 スペクトル解析

地震や音などの波を対象とした問題では，どのくらいの振動数をもつ波が多く含まれているのかを知ることが重要な課題である．たとえば，騒音に何 Hz の音が含まれているのかがわかれば，その原因究明や対策の考案に役立てることができる．この章では，波の成分を解析する手法について学ぶ．

10.1 スペクトルとは

図 10.1 は，阪神・淡路大震災を引き起こした 1995 年兵庫県南部地震の神戸海洋気象台における水平南北方向の加速度記録である．大きな揺れは 10 s ほどだが，その間に多くの構造物が崩壊し，6000 人以上が亡くなった．一方，図 10.2 は東日本大震災を引き起こした 2011 年東北地方太平洋沖地震の独立行政法人防災科学技術研究所 K-NET 仙台観測地点における水平南北方向の加速度記録である．2 回大きな揺れがあったことや，2 分以上揺れ続けたことがわかる．

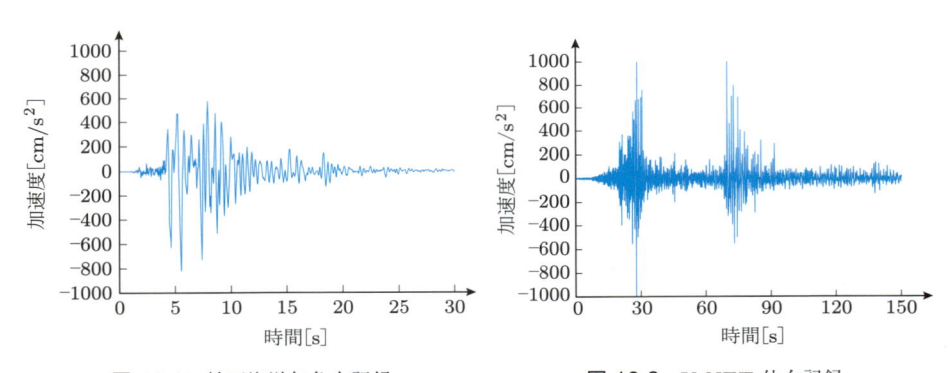

図 10.1 神戸海洋気象台記録

図 10.2 K-NET 仙台記録

これらの地震波形からわかるのは，地震の継続時間と最大加速度といった揺れの大きさである．継続時間が長いと何度も揺れが繰り返されて危ないし，加速度が大きいと構造物に作用する慣性力が大きいし，どちらも構造物にとって重要な情報である．しかし，共振現象を解明するために必要な，揺れの周期に関する情報は得られない．共振現象とは，構造物の揺れやすい周期と地震波に多く含まれている周期が一致することで，揺れが非常に大きくなる現象のことである（【演習問題 7.7】参照）．

周期に関する情報を得るために行われるのがスペクトル解析である．スペクトルと

は，横軸に周期や振動数をとって表したグラフで，理科の授業で炎色反応による輝線スペクトルを習った人もいると思う．

なお，周期 T [s] と振動数 f [Hz] との間には，$T = 1/f$ という関係がある．また，振動数は周波数とも呼ばれる．図 10.3 で簡単に説明すると，左右や上下に揺れてもとの位置に戻ってくるまでの時間が周期，一定時間内に何回左右に揺れるかが振動数である．1 秒間の振動数を Hz という単位で表す．また，揺れの大きさを振幅という．

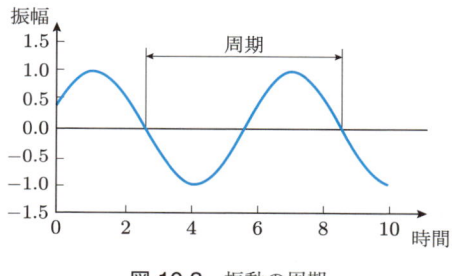

図 10.3 振動の周期

本章で説明するフーリエスペクトルを使うと，図 10.1, 10.2 の周期特性を，それぞれ図 10.4, 10.5 のように表すことができる．図 10.4 の神戸波形では 0.5〜3 Hz，図 10.5 の仙台波形では 1〜2 Hz の成分が多く含まれていることがわかる．

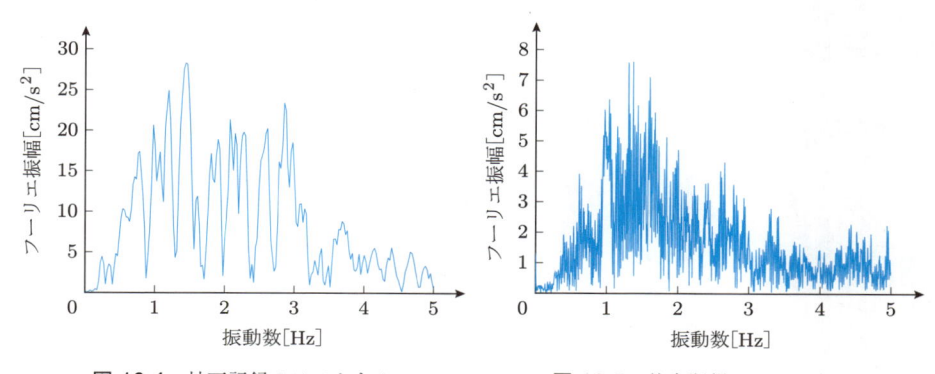

図 10.4　神戸記録のスペクトル

図 10.5　仙台記録のスペクトル

10.2 フーリエ級数

スペクトル解析によく用いられるのがフーリエ変換である．これは，フーリエ（Joseph Fourier, フランス, 1768–1830）が，どんな関数でも三角関数の級数で表すことができると提案したもので，工学のいろいろな分野で用いられている．

ある関数 $f(\phi)$ を三角関数の和で表現したものをフーリエ級数という．$-\pi \leqq \phi \leqq \pi$ において定義される関数に対して，次のように表される．

$$f(\phi) = \frac{a_0}{2} + \sum_{m=1}^{\infty}(a_m \cos m\phi + b_m \sin m\phi) \tag{10.1}$$

ただし，

$$a_0 = \frac{1}{\pi}\int_{-\pi}^{\pi}f(\phi)d\phi, \quad a_m = \frac{1}{\pi}\int_{-\pi}^{\pi}f(\phi)\cos m\phi d\phi, \quad b_m = \frac{1}{\pi}\int_{-\pi}^{\pi}f(\phi)\sin m\phi d\phi \tag{10.2}$$

である．式 (10.2) の a_0, a_m, b_m $(m=1,2,\cdots)$ をフーリエ係数という．

例題 10.1 次の関数のフーリエ級数を求めよ．
$$f(\phi) = \begin{cases} -1 & (-\pi \leqq \phi < 0) \\ 1 & (0 \leqq \phi \leqq \pi) \end{cases}$$

解 これは図 10.6 のような波である．サイン波は原点に対して点対称な奇関数，コサイン波は原点に対して左右対称な偶関数である．この例題の関数は奇関数のため，計算するまでもなく偶関数コサイン波の係数は $a_0 = a_m = 0$ となるが，参考のために計算しておく．式 (10.2) を計算すれば，次のようになる．

$$a_0 = \frac{1}{\pi}\int_{-\pi}^{0}(-1)d\phi + \frac{1}{\pi}\int_{0}^{\pi}(+1)d\phi = \frac{1}{\pi}\left[-\phi\right]_{-\pi}^{0} + \frac{1}{\pi}\left[\phi\right]_{0}^{\pi} = \frac{1}{\pi}(0-\pi+\pi-0) = 0$$

$$a_m = \frac{1}{\pi}\int_{-\pi}^{0}-\cos m\phi d\phi + \frac{1}{\pi}\int_{0}^{\pi}\cos m\phi d\phi = \frac{1}{\pi}\left[-\frac{1}{m}\sin m\phi\right]_{-\pi}^{0} + \frac{1}{\pi}\left[\frac{1}{m}\sin m\phi\right]_{0}^{\pi}$$
$$= \frac{1}{\pi}(0-0+0-0) = 0$$

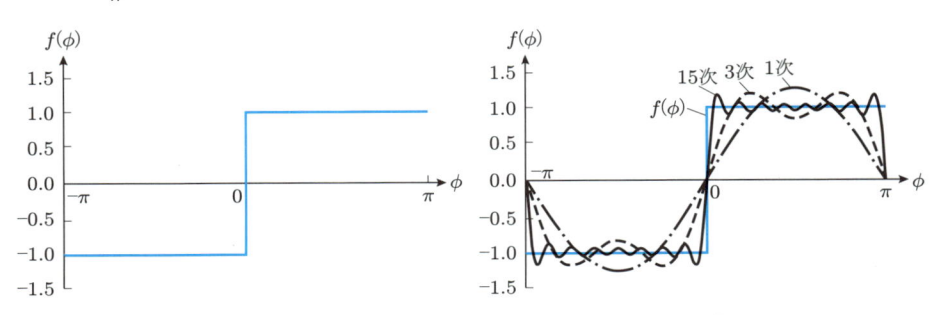

図 10.6 【例題 10.1】の波形　　　図 10.7 【例題 10.1】のフーリエ級数

10.2 フーリエ級数

$$b_m = \frac{1}{\pi}\int_{-\pi}^{0} -\sin m\phi d\phi + \frac{1}{\pi}\int_{0}^{\pi}\sin m\phi d\phi = \frac{1}{\pi}\left[\frac{1}{m}\cos m\phi\right]_{-\pi}^{0} + \frac{1}{\pi}\left[-\frac{1}{m}\cos m\phi\right]_{0}^{\pi}$$

$$= \frac{2}{m\pi}(1-\cos m\pi) = \frac{2}{m\pi}\{1-(-1)^m\} = \begin{cases} \dfrac{4}{m\pi} & (m=1,3,5,\cdots) \\ 0 & (m=2,4,6,\cdots) \end{cases}$$

したがって，式 (10.1) は次のようになる．

$$f(\phi) = \frac{4}{\pi}\sin\phi + \frac{4}{3\pi}\sin 3\phi + \frac{4}{5\pi}\sin 5\phi + \cdots$$

これを使って，式 (10.1) を $m=1$ まで，$m=3$ まで，そして $m=15$ までグラフ化すると，図 10.7 のようになる．高次まで考えると，もとの波形に近づいていく様子がわかる．∎

例題 10.2　次の関数のフーリエ級数を求めよ．

$$f(\phi) = \begin{cases} -\phi & (-\pi \leqq \phi < 0) \\ \phi & (0 \leqq \phi \leqq \pi) \end{cases}$$

解　これは図 10.8 のような波である．偶関数のため，式 (10.2) を計算すれば確認できるが，奇関数サイン波の係数は $b_m = 0$ となる．

$$a_0 = \frac{1}{\pi}\int_{-\pi}^{0} -\phi d\phi + \frac{1}{\pi}\int_{0}^{\pi}\phi d\phi = -\frac{1}{\pi}\left[\frac{1}{2}\phi^2\right]_{-\pi}^{0} + \frac{1}{\pi}\left[\frac{1}{2}\phi^2\right]_{0}^{\pi}$$

$$= -\frac{1}{\pi}\left(0 - \frac{1}{2}\pi^2\right) + \frac{1}{\pi}\left(\frac{1}{2}\pi^2 - 0\right) = \pi$$

$$a_m = \frac{1}{\pi}\int_{-\pi}^{0} -\phi\cos m\phi d\phi + \frac{1}{\pi}\int_{0}^{\pi}\phi\cos m\phi d\phi$$

$$= -\frac{1}{\pi}\left[\frac{\phi}{m}\sin m\phi\right]_{-\pi}^{0} + \frac{1}{\pi}\int_{-\pi}^{0}\frac{1}{m}\sin m\phi d\phi + \frac{1}{\pi}\left[\frac{\phi}{m}\sin m\phi\right]_{0}^{\pi}$$

$$+ \frac{1}{\pi}\int_{0}^{\pi}\frac{1}{m}\sin m\phi d\phi$$

$$= -\frac{1}{\pi}(0-0) + \frac{1}{\pi}\left[-\frac{1}{m^2}\cos m\phi\right]_{-\pi}^{0} + \frac{1}{\pi}(0-0) - \frac{1}{\pi}\left[-\frac{1}{m^2}\cos m\phi\right]_{0}^{\pi}$$

$$= \frac{2}{m^2\pi}\{(-1)^m - 1\}$$

$$= \begin{cases} -\dfrac{4}{m^2\pi} & (m=1,3,5,\cdots) \\ 0 & (m=2,4,6,\cdots) \end{cases}$$

途中，部分積分を用いている．最終的に，式 (10.1) は次のようになる．

$$f(\phi) = \frac{\pi}{2} - \frac{4}{\pi}\cos\phi - \frac{4}{9\pi}\cos 3\phi - \frac{4}{25\pi}\cos 5\phi - \cdots$$

図 10.9 のように，これも高次まで考えると，もとの波形に近づくことがわかる．

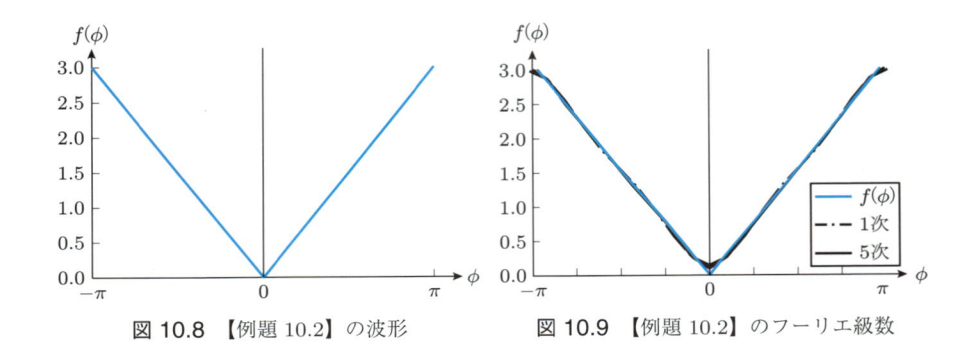

図 10.8 【例題 10.2】の波形

図 10.9 【例題 10.2】のフーリエ級数

10.3 フーリエ変換

三角関数と複素数の間には，次のオイラーの公式と呼ばれる関係がある．

$$e^{\pm i\phi} = \cos\phi \pm i\sin\phi \tag{10.3}$$

したがって，式 (10.1) を複素数で表現することも可能である．

$$f(\phi) = \sum_{m=1}^{\infty} c_m e^{im\phi} \tag{10.4}$$

ただし，

$$c_m = \frac{1}{2\pi}\int_{-\pi}^{\pi} f(\phi)e^{-im\phi}d\phi \tag{10.5}$$

である．
　コンピュータでは連続関数ではなく，デジタル情報の離散値を取り扱う．関数の値が $y_1, y_2, \cdots, y_N$ と N 個与えられている場合，関数の定義範囲を広げた離散値に対する式 (10.4), (10.5) は，それぞれ次のようになる．

$$y_k = \sum_{m=1}^{N} c_m e^{i(2\pi km/N)} \quad (k=1,2,\cdots,N) \tag{10.6}$$

$$c_m = \frac{1}{N} \sum_{k=1}^{N} y_k e^{-i(2\pi km/N)} \quad (m = 1, 2, \cdots, N) \tag{10.7}$$

関数の値 y_k から，フーリエ係数 c_m を求める式 (10.7) の操作を**フーリエ変換**といい，フーリエ係数 c_m から関数値 y_k を求める式 (10.6) の操作を**フーリエ逆変換**という．

複素数で表現されたフーリエ係数 c_m と，式 (10.2) に出てくる三角関数のフーリエ係数 a_m, b_m とは，次のような関係がある．

$$a_m = 2 \times c_m \text{ の実数部}, \quad b_m = -2 \times c_m \text{ の虚数部} \tag{10.8}$$

例題 10.3 次式のような合成波のフーリエ変換を，Excel で実行せよ．

$$f(t) = \sin(2\pi t) + 2\sin(4\pi t) + \sin(6\pi t) \tag{10.9}$$

解 │**データの作成**│ 振動数が f [Hz] のサイン波は，$\sin(2\pi ft)$ と表現できるので，式 (10.9) は振動数 1 Hz で振幅が 1 の波と，振動数 2 Hz で振幅が 2 の波，そして，振動数 3 Hz で振幅が 1 の波が合成された波になる（図 10.10）．

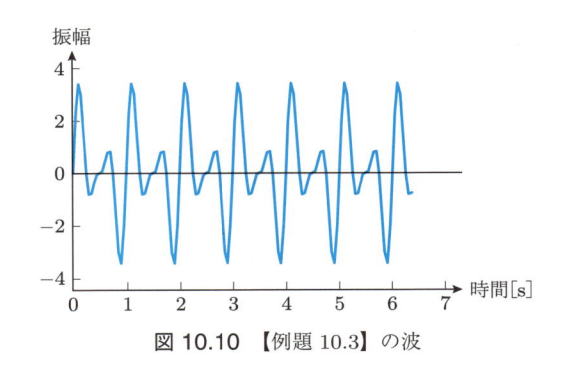

図 10.10 【例題 10.3】の波

Excel を起動し，次のように入力する．A2 セルに時間間隔 [s]，A4 セルにデータの個数 N，B 列に時間 t，C 列に式 (10.9) の振幅 $f(t)$ を入力する．1 行目は列の説明である．

	A	B	C	D
1	時間間隔	時間(s)	振幅	複素フーリエ係数
2	0.05	0	0	
3	データ個数	=B2+$A$2		
4	128			

C3: =SIN(2*PI()*B3)+2*SIN(4*PI()*B3)+SIN(6*PI()*B3)

図 10.11

10章 スペクトル解析

B3, B4 セルを選択し, これを 129 行目までコピーする. B, C 列を選んで,「挿入」メニューから「散布図 (直線)」のグラフを描き, 図 10.10 のようなグラフが描けるかどうかを確認する.

解析の実行 次に, フーリエ変換を行う. Excel のフーリエ解析では, データ数が 2 の累乗である必要がある. そのため, この例題では A4 セルに書かれているように 128 ($= 2^7$) 個のデータを使う.

「データ」メニューから「分析」グループの「データ分析」を選ぶと, データ分析というウィンドウが表示される. もし,「データ」メニューに「分析」グループがなければ,「ファイル」メニューから「オプション」をクリックする.「アドイン」をクリックし, 下のほうにある「Excel アドイン」の設定ボタンをクリックする. ボックスの一覧の「データ分析」チェックボックスをオンにし,「OK」をクリックする. これで,「データ分析」が利用できるようになる.

データ分析ウィンドウから「フーリエ解析」を選び, OK ボタンを押す. 図 10.12 の「入力範囲」に C2:C129 (あるいは欄の右のボタン を押して C2〜C129 セルを選んで Enter キーを押す),「出力オプション」を「出力先」にチェックして D2 と入力し, OK ボタンを押すと D 列に複素フーリエ係数 c_m が計算される.

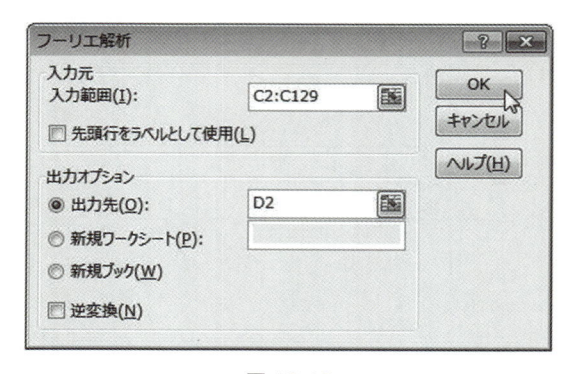

図 10.12

次に, フーリエ振幅のグラフを描くため, E 列に振動数を, F 列にフーリエ振幅を計算する. データ個数が N 個, 時間間隔が Δt の場合, 求められる振動数間隔 Δf は,

$$\Delta f = \frac{1}{N \cdot \Delta t} \tag{10.10}$$

となる. したがって, E2 セルに初期値として 0 を, E3 セルには前の行の値に $1/(N \cdot \Delta t)$ を加える式を入れる. F 列のフーリエ振幅は, まず D 列の複素数の絶対値を IMABS( ) という関数で計算する. 式 (10.7) でわかるように, 全体を個数 N で割る必要があり, また, 式 (10.8) よりさらに 2 倍する必要がある. これを F2 セルに書き込み, F3 セルにもコピーしておく.

10.4 フィルター

	E	F
入力		
1	振動数(Hz)	フーリエ振幅
2	0	=IMABS(D2)/$A$4*2
3	=E2+1/$A$2/$A$4	上のセルをコピーする

図 10.13

グラフの作成　次に，E3, F3 セルを選び，129 行目までコピーする．これで計算ができたので，結果をグラフにする．E, F 列を選び，「挿入」メニューから，散布図（直線）を選ぶ．この図を**フーリエスペクトル**という．六つの山が表示されると思う（図 10.14）．しかし，フーリエ解析で得られるのは次式で定義されるナイキスト振動数（Harry Nyquist，スウェーデン，1889–1976）までであり，その振動数を境に左右対称の形になっている．

$$f_{\mathrm{nyq}} = \frac{1}{2\Delta t} \tag{10.11}$$

この例題では $\Delta t = 0.05\,\mathrm{s}$ なので，$f_{\mathrm{nyq}} = 1/(2 \times 0.05) = 10\,\mathrm{Hz}$ となる．$10\,\mathrm{Hz}$ より右の高い振動数領域では，左側の共役複素数が表示されているにすぎない．したがって，$10\,\mathrm{Hz}$ までで考えると，式 (10.9) と整合する 1, 2, 3 Hz に山があることがわかる．グラフの横軸をクリックし，目盛の最大値を $10\,\mathrm{Hz}$ に変更するとわかりやすい（図 10.15）．

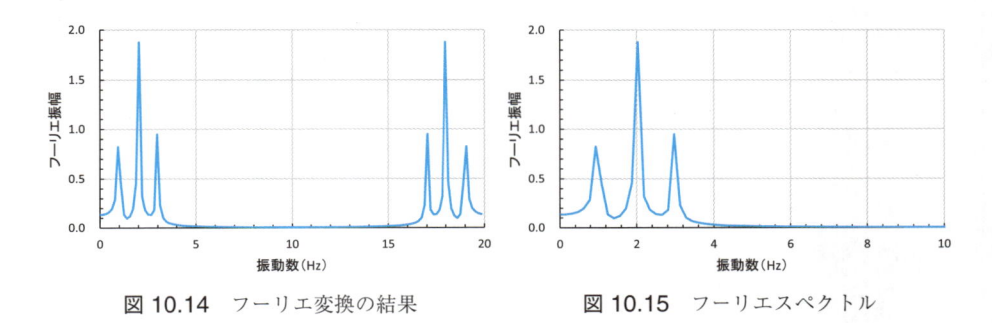

図 10.14　フーリエ変換の結果　　　図 10.15　フーリエスペクトル

振幅は式 (10.9) より，それぞれが 1, 2, 1 に近ければ正しいが，図 10.15 では 0.8, 1.9, 0.9 ぐらいになっている．連続関数ではなく離散値をもとに計算しているため，このような誤差が生じる．しかし，もとの波がどの振動数の波をどのくらい含んでいるかはわかる．これがスペクトル解析である．

10.4　フィルター

観測した波のデータには，ノイズが含まれていることがある．取り除きたいノイズが低振動数もしくは高振動数の場合は，適切なフィルターをかけることでノイズを取り除くことができる．粒の粗いコーヒーの粒子をペーパーフィルターで漉したり，泥

水の不純物をフィルターで漉したりするのと同じである．フィルターには次の3種類がある．

- ハイパスフィルター（high-pass filter）：高振動数のみを通過させる（低振動数ノイズの除去）
- ローパスフィルター（low-pass filter）：低振動数のみを通過させる（高振動数ノイズの除去）
- バンドパスフィルター（band-pass filter）：ある振動数帯域のみを通過させる（低振動数と高振動数ノイズの除去）

> **例題 10.4**　【例題 10.3】のスペクトルに，1.5 Hz 以上の高振動数成分を除去するローパスフィルターをかけ，フィルターをかけた後の時刻歴波形を求めよ．

解　まず，【例題 10.3】で使った Excel 表の D 列を G 列にコピーする．1.5 Hz 以上の成分を 0 にするため，1.5 Hz 以上に対応する G12 セルから共役複素数領域の G120 セル（$20-1.5=18.5$ Hz 以下のセル）までを 0 にしよう．G2〜G11 セルの10個と G121〜G129 セルの9個だけ値を残し，ほかのセルに 0 を入れる．こうすると，1.5 Hz 以上の成分にローパスフィルターをかけたことになる．なお，G2 セルは式 (10.1) の $a_0/2$ に相当する直流成分である．

このフィルターをかけた複素フーリエ係数に対して，式 (10.4) によりフーリエ逆変換する．「データ」メニューから「データ分析」を選び，分析ツールウィンドウからフーリエ解析を選ぶ．図 10.16 のように，「入力範囲」に G2:G129，「出力オプション」を「出力先」にチェックして H2 と入力し，一番下の「逆変換」にチェックを入れて OK ボタンを押す．すると，H 列にフーリエ逆変換された値が表示される．

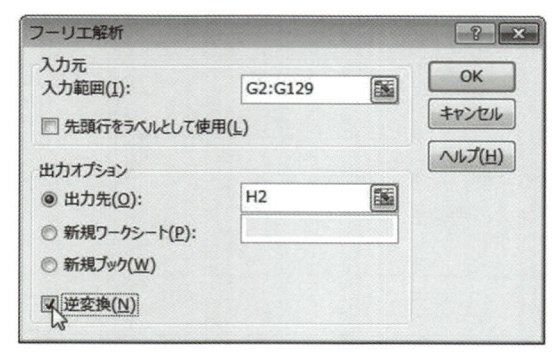

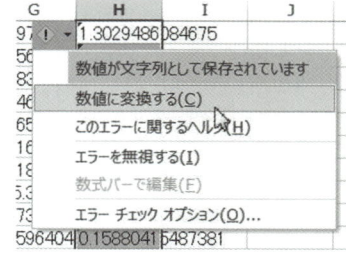

図 10.16　　　　　　　図 10.17

数字が文字として出力されてしまっているので，次の操作をして数字に変換する．H2〜H65 セルを選び（H2 をマウスでクリックし，Shift キーを押しながら H65 セルをクリック），H2

セル付近の左側に表示されている ◆ マークをマウスでクリックする．出てきた図 10.17 のメニューから「数値に変換する」を選ぶ．

得られた波形をグラフ化して確認する．H1 セルに「フィルター後」と入力する．B 列の時間軸と，H 列の振幅を選び（B 列の B という文字をクリックした後，Ctrl キーを押したまま H という文字をクリック），「挿入」メニューから「散布図（直線）」を選ぶ．図 10.18 のように山と山の間が約 1 s（= 1 Hz）の波が描かれ，2, 3 Hz の波が取り除かれて，ほぼ 1 Hz の波が得られたことがわかる．

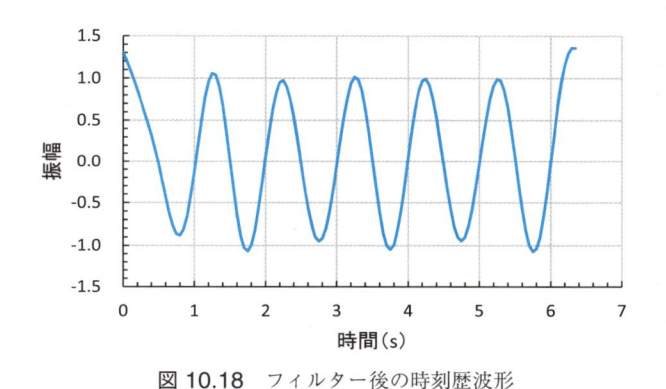

図 10.18 フィルター後の時刻歴波形

実際には，フィルターをかける際に除去したい振動数でいきなりフーリエ係数を 0 にすると，そこの境界で新しいノイズが入ってしまうので，フーリエ係数を徐々に小さくしていって 0 にするなどの工夫が必要である．【例題 10.4】ではいきなり 0 にしたため，図 10.18 では少し波がゆがんでいる．

10.5 ウィンドウ

ノイズが全振動数帯域にのっているときや，明確なピークを示す振動数が不明でスペクトルのグラフが見にくいとき，ウィンドウをかけてスペクトルを平滑化することがある．もっとも簡単な方法は，隣り合ういくつかの値の平均を取っていく移動平均法である．狭い窓（ウィンドウ）を順に動かしていって，そこから見える値の平均を考えるようなもので，ウィンドウ操作と呼ばれる．いろいろなウィンドウが提案されており，ここではもっとも簡単な四角いウィンドウをかけることにする．ウィンドウの幅が広ければ厳密さはどんどん失われるが，ノイズに惑わされずにだいたいの傾向をつかむことができる．

> **例題 10.5** 次式のようなノイズを含んだ波をフーリエ変換し，ウィンドウをかけて平滑化せよ．
>
> $$f(t) = \sin(2\pi t) + r \tag{10.12}$$
>
> なお，r は $-0.5 \sim 0.5$ の大きさをもつノイズで，一様乱数とする．

解 　**データの作成**　【例題 10.2】と同様のシートを準備する．
`+RAND()-0.5` とすることにより，$-0.5 \sim 0.5$ の大きさをもつノイズを加えることができる．

	A	B	C	D
1	時間間隔	時間(s)	原波形	ノイズを含んだ波形
2	0.05	0	0	0
3	データ個数	=B2+$A$2	=SIN(2*PI( )*B3)	=C3+RAND( )-0.5
4	128			

図 10.19

B2～D2 セルをマウスで選び，129 行目までコピーする．B～D 列を選び，「挿入」メニューから「散布図（直線）」を選んで図 10.20 のようなグラフを描く．1 Hz のサイン波である原波形に，ノイズがのってガタガタとした波形になっていることがわかる．

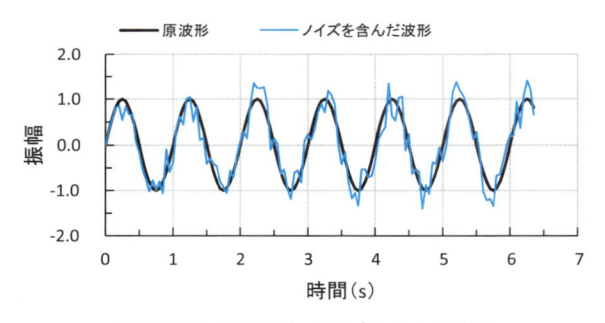

図 10.20　原波形とノイズを含んだ波形

何か操作をするたびに `RAND( )` 関数は新しい乱数を発生させるため，上の図の波形はノイズ部分が変化してしまう．変化を防ぐために，D 列を数字として記憶させ直して値を固定する．D 列全体を選んでコピーし，D1 セルをクリックして図 10.21 のように「値」として貼り付ける．

10.5 ウィンドウ

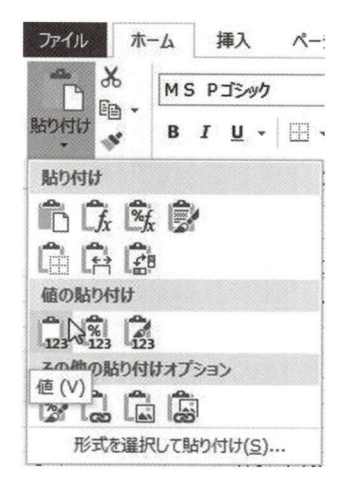

図 10.21

解析の実行　次に，フーリエ変換を行う．E1, F1 セルに，列の説明を入力する．「データ」メニューから「分析」グループの「データ分析」を選ぶ．データ分析ウィンドウからフーリエ解析を選び，OK ボタンを押す．「入力範囲」に `C2:C129`，「出力オプション」を「出力先」にチェックして `E2` と入力する．「逆変換」にチェックされていたら，チェックを外す．OK ボタンを押すと，E 列に原波形の複素フーリエ係数が計算される．その後で，もう一度「データ」メニューから「分析」グループの「データ分析」を選ぶ．データ分析ウィンドウからフーリエ解析を選び，OK ボタンを押す．「入力範囲」に `D2:D129`，「出力オプション」を「出力先」にチェックして `F2` と入力する．OK ボタンを押すと，F 列にノイズを含んだ波形の複素フーリエ係数が計算される．

次に，フーリエ振幅のグラフを描くため，G 列に振動数を，H, I 列にフーリエ振幅を計算する（【例題 10.3】と同じ）．

入力	G	H	I
1	振動数(Hz)	原波形	ノイズを含んだ波形
2	0	=IMABS(E2)/$A$4*2	左のセルをコピーする
3	=G2+1/$A$2/$A$4	上のセルをコピーする	

図 10.22

次に，G3～I3 セルを選び，129 行目までコピーする．これで計算ができたので，結果をグラフにする．G～I 列を選び，「挿入」メニューから「散布図（直線）」を選ぶ．ナイキスト振動数 10 Hz までのグラフにする．図 10.23 のように，ノイズを含んだ波形には 1 Hz 以外にも小さな山があることがわかる．これがノイズの影響である．

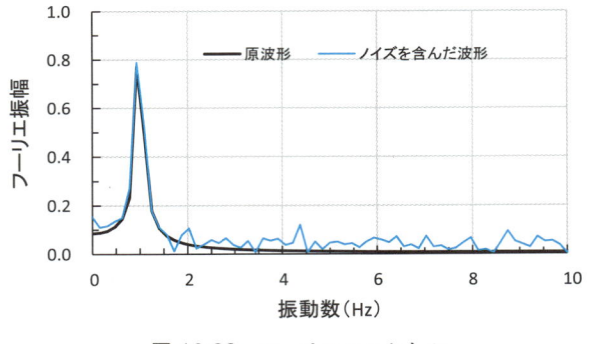

図 10.23 フーリエスペクトル

ノイズの除去　ノイズを除去するため，各データの前後 7 個ずつ平均を取って平滑化する．最初は個数が足りないので，3〜5 個の平均とする．次のように入力し，J5 セルを J6〜J126 セルにコピーする．

入力	J
1	移動平均後の波形
2	0
3	=AVERAGE(D2:D4)
4	=AVERAGE(D2:D6)
5	=AVERAGE(D2:D8)
6	上のセルをコピーする

図 10.24

　B 列の時間軸と，J 列の移動平均後の波形を Ctrl キーを押しながら選択して，「挿入」メニューから「散布図（直線）」を選んでグラフ化する．図 10.25 が時刻歴波形，図 10.26 がフーリエスペクトルである．完璧ではないが，ある程度ノイズが取り除かれていることがわかる．

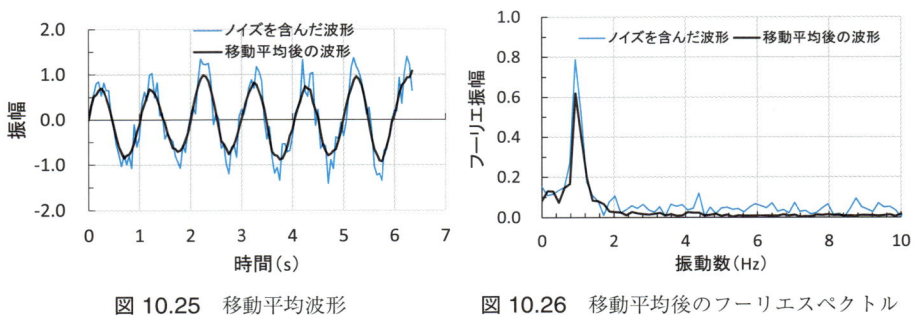

図 10.25　移動平均波形　　　図 10.26　移動平均後のフーリエスペクトル

この節のウィンドウに用いた移動平均法は，データの大まかな傾向をつかむのにも使われる．9.1 節の最小二乗法が大まかな傾向からデータの内挿に用いられるのに対し，移動平均法は内挿だけでなく外挿して将来の予測をすることにも用いられる．

演習問題

10.1 次の関数をフーリエ級数で表し，フーリエ係数を求めよ．

$$f(\phi) = \phi \quad (-\pi \leqq \phi \leqq \pi)$$

ヒント 式 (10.2) にこの式を入れて積分すればよい．途中，部分積分を使う．奇関数のため，$a_0 = a_m = 0$ である．

10.2 次の関数をフーリエ級数で表し，フーリエ係数を求めよ．

$$f(\phi) = \phi^2 \quad (-\pi \leqq \phi \leqq \pi)$$

ヒント 式 (10.2) にこの式を入れて積分すればよい．途中，部分積分を 2 回使う．偶関数のため，$b_m = 0$ である．

10.3 次の関数を Excel でフーリエ変換し，どの振動数成分が含まれているかを確認せよ．ただし，時間間隔 $\Delta t = 0.05\,\mathrm{s}$，データ個数 128 個で計算すること．

$$f(t) = \cos(2\pi t) \times \sin(6\pi t)$$

10.4 次の関数を Excel でフーリエ変換し，どの振動数成分が含まれているかを確認せよ．ただし，時間間隔 $\Delta t = 0.05\,\mathrm{s}$，データ個数 128 個で計算すること．

$$f(t) = \sin^2(2\pi t) - \sin^2(6\pi t)$$

10.5 図のような $-0.5 \sim 0.5$ の範囲の乱数 64 個をフーリエ変換し，フーリエスペクトルを描け．ただし，時間刻み $\Delta t = 0.1\,\mathrm{s}$ とする．

ヒント =RAND( ) で 0〜1 の乱数が発生されるので，=RAND( )-0.5 とすればよい．

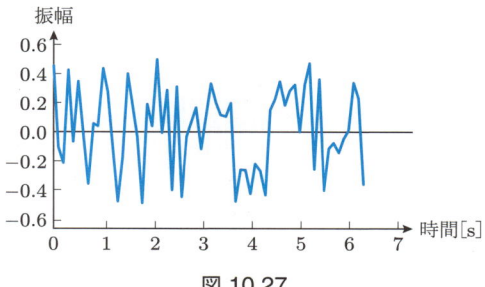

図 10.27

10.6 図に示すような,【例題 10.3】で使った波 $f(t) = \sin(2\pi t) + 2\sin(4\pi t) + \sin(6\pi t)$ の 1.5 Hz 以下の低振動数成分を除去するハイパスフィルターをかけた後の時刻歴波形を求めよ.

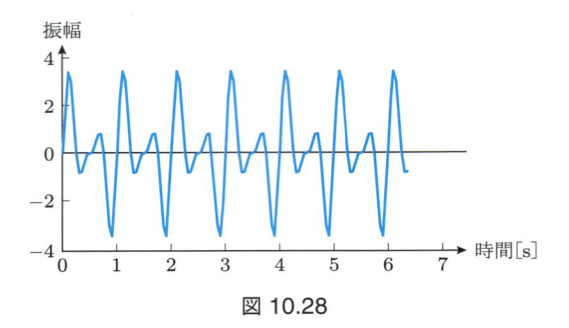

図 10.28

10.7 図に示す波 $f(t) = \cos(14\pi t) \times \cos(10\pi t)$ から 5 Hz 以上の成分を除去した波形を求めよ. 時間刻み $\Delta t = 0.02$ s, データ個数 128 個とする.

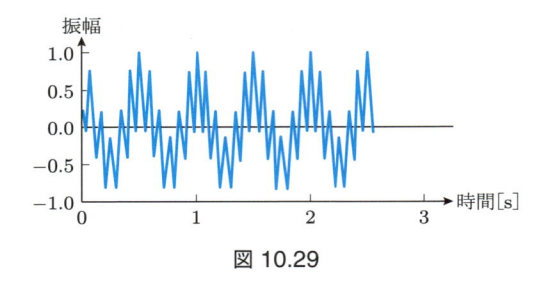

図 10.29

10.8 図に示す波 $f(t) = \sin(2\pi t) + 2\sin(6\pi t) + \sin(10\pi t)$ から 2 Hz 以下の低振動数成分と 4 Hz 以上の高振動数成分を除去するバンドパスフィルターをかけた後の時刻歴波形を求めよ.

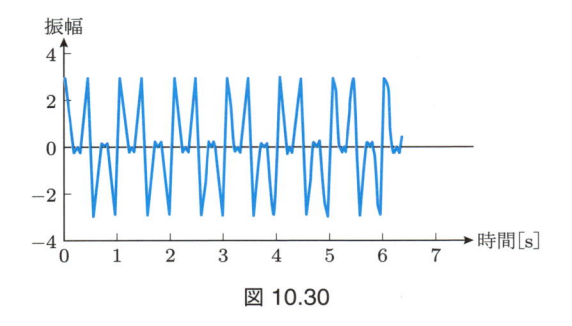

図 10.30

演習問題

10.9 図に示すような,【例題 7.3】で求めた地盤振動による変位応答波形のフーリエスペクトルを求めよ.ただし,時間刻み $\Delta t = 0.05\,\text{s}$,データ個数は 128 個とする.

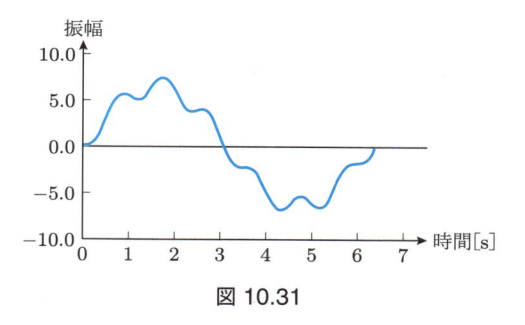

図 10.31

10.10 $f(t) = t^2$ に,ノイズとして $-0.5 \sim 0.5$ の乱数を加えた図のような波形を作る.時間刻み $\Delta t = 0.05\,\text{s}$,データ個数は 100 個とする.$5 \times \Delta t = 0.25\,\text{s}$ の幅のウィンドウをかけて移動平均した波形を求めよ.

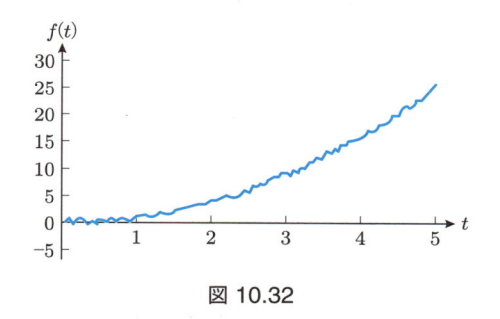

図 10.32

Column	フーリエスペクトルの応用

　図 10.15 が音のフーリエスペクトルだとすれば,これは三つの音の重ね合わせ(和音)になる.このスペクトルを全体的に右に移動させてフーリエ逆変換すれば,全体を高音にするエフェクタをかけることになる.振動数が 2 倍になると,音は 1 オクターブ高くなる.テレビで証言者の声を高く不自然な声に変換するようなものである.また,音楽の低い振動数成分だけ大きくしてフーリエ逆変換すると,イコライザーとして低音部を増幅させた音楽になる.

　なお,Excel のフーリエ解析でデータが 2 の累乗でなければならないのは,FFT (fast Fourier transform) という方法で計算するからである.これは,フーリエ変換をコンピュータで高速に実行するため開発された手法(Cooley & Tukey, 1965)で,データ数を何回も半分に分割して計算していくために,全体のデータ数が 2 の累乗である必要がある.

演習問題解答

1章

1.1 E2 セル：=SUM(B2:D2)，F2 セル：=AVERAGE(B2:D2)
E3〜F4 セル：E2, F2 セルをコピーする
B5 セル：=SUM(B2:B4)，B6 セル：=AVERAGE(B2:B4)
C5〜E6 セル：B5, B6 セルをコピーする

解図 1.1

	A	B	C	D	E	F
1		1月	2月	3月	合計	平均
2	観測地A	52	56	118	226	75.3
3	観測地B	48	66	122	236	78.7
4	観測地C	45	62	104	211	70.3
5	合計	145	184	344	673	
6	平均	48.3	61.3	114.7	224.3	

1.2

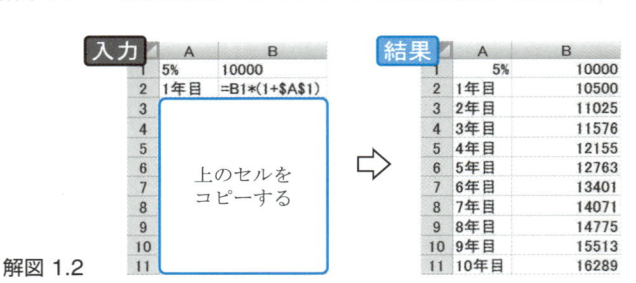

入力：
	A	B
1	5%	10000
2	1年目	=B1*(1+$A$1)
3〜11		上のセルをコピーする

結果：
	A	B
1	5%	10000
2	1年目	10500
3	2年目	11025
4	3年目	11576
5	4年目	12155
6	5年目	12763
7	6年目	13401
8	7年目	14071
9	8年目	14775
10	9年目	15513
11	10年目	16289

解図 1.2

1.3 次のように B7 セルを入力し，それを C7, D7 セルにコピーする．次に，B7〜D7 セルを選んで，10 行目までコピーする．分母は行のみの絶対参照である．

入力：
	A	B	C	D
1		A市	B市	C市
2	2008年	30	10	8
3	2009年	33	11	9
4	2010年	34	11	12
5	2011年	35	12	13
6	2012年	34	13	12
7	2009年/2008年	=B3/B$2		
8	2010年/2008年			
9	2011年/2008年			
10	2012年/2008年			

結果：
	A	B	C	D
1		A市	B市	C市
2	2008年	30	10	8
3	2009年	33	11	9
4	2010年	34	11	12
5	2011年	35	12	13
6	2012年	34	13	12
7	2009年/2008年	1.1	1.1	1.125
8	2010年/2008年	1.1333333	1.1	1.5
9	2011年/2008年	1.1666667	1.2	1.625
10	2012年/2008年	1.1333333	1.3	1.5

解図 1.3

1.4

入力：
	A	B
		=IF(A1>=60,"合格","不合格")

解図 1.4

1.5 【例題 1.6】の約数の数を数えるプログラムを利用する．【例題 1.6】のプログラムの後に，次の行を追加する．約数の数 counts が，1 と number の 2 個しかなければ素数である．

マクロ A1.1

```
If counts = 2 Then
    [B1] = "素数"
Else
    [B1] = "素数ではない"
End If
```

1.6 マクロ A1.2

```
n = 1
For i = 1 To 100
    If i Mod 7 = 0 Then
        Cells(n, 1) = i
        n = n + 1
    End If
Next i
```

1.7【例題 1.6】の約数の数を数えるプログラムを利用し，次のように変更する．
① `number = [A1]` の次に，`number2 = [B1]` を追加．
② `If number Mod i = 0 Then` の次に，`If number2 Mod i = 0 Then` を追加．
③ 最後の，`End If` と `Next i` の間に，もう一つ `End If` を追加．

1.8 マクロ A1.3

```
[2:2].Clear
number1 = [A1]
number2 = [B1]
number3 = [C1]
For i = number1 To 1 Step -1
    If number1 Mod i = 0 Then
        If number2 Mod i = 0 Then
            If number3 Mod i = 0 Then
                [A2] = i
                Exit For
            End If
        End If
    End If
Next i
```

1.9 マクロ A1.4

```
outputRow = 1
For number = 100 To 999
    hundred = Int(number/100)
    one = number Mod 10
    If (one = hundred) Then
        Cells(outputRow,1) = number
        outputRow = outputRow +1
    End If
Next number
```

1.10 マクロ A1.5

```
outputRow = 1
For number = 1000 To 9999
    thousand = Int(number / 1000)
    hundred = Int(number / 100) Mod 10
    ten = Int(number / 10) Mod 10
    one = number Mod 10
    If (thousand = one) Then
      If (hundred = ten) Then
        If number Mod 2 = 0 Then
            Cells(outputRow, 1) = number
            outputRow = outputRow + 1
        End If
      End If
    End If
Next number
```

2 章

2.1 1 桁と 3 桁のかけ算になるので，答えの有効数字は 1 桁になる．

2.2 有効数字 2 桁：1.2×10^2，有効数字 5 桁：1.2346×10^2

2.3 $b - a = 240 - 130 = 110$　∴　1.1×10^2
　　$a \times b = 31590$　∴　3.2×10^4

2.4 真値の存在範囲は，$107.5 < b - a < 118.5$ になる．有効数字を考慮すると $b - a = 1.1 \times 10^2$ である．

2.5 $\dfrac{3000}{1000000} = \dfrac{3}{1000}$ m $= 0.3$ cm

2.6 $0.8 \times 1.03 \times 9.8 = 8.075$ であり，有効数字の一番少ないのは 2 桁なので，8.1 N·m

2.7 $\dfrac{(2 - \sqrt{x^2 + 4})(2 + \sqrt{x^2 + 4})}{2 + \sqrt{x^2 + 4}} = \dfrac{-x^2}{2 + \sqrt{x^2 + 4}}$ として計算すればよい．

2.8 たとえば，数字を 10 倍して整数どうしの比較にすると，誤差がなくなる．

2.9 マクロ A2.1

```
[A1] = ""
Do
    a = Application.InputBox("整数を入力してください", Type:=1)
    If a = "False" Then
        Exit Sub
    End If
    b = InStr(a, ".")
    If b = 0 Then
        [A1] = a
    Else
        MsgBox ("整数ではありません")
    End If
Loop Until b = 0
```

2.10 マクロ A2.2

```
[A1] = ""
Do
    a = Application.InputBox("1～100 の自然数を入力してください", Type:=1)
    If a = "False" Then
        Exit Sub
    End If
    b = InStr(a, ".")
    If b = 0 Then
        If (a >= 1 And a <= 100) Then
            [A1] = a
        Else
            MsgBox ("1～100 ではありません")
            b = 1
        End If
    Else
        MsgBox ("自然数ではありません")
    End If
Loop Until b = 0
```

3章

3.1 $f'(x) = 1/x$, $f''(x) = -1/x^2$, $f'''(x) = 2/x^3$ より, $f(1) = 0$, $f'(1) = 1$, $f''(1) = -1$, $f'''(1) = 2$

$$f(x) \fallingdotseq f(1) + f'(1)(x-1) + \frac{1}{2}f''(1)(x-1)^2 + \frac{1}{6}f'''(1)(x-1)^3$$

$$= 0 + 1 \times (x-1) + \frac{1}{2} \times (-1) \times (x-1)^2 + \frac{1}{6} \times 2 \times (x-1)^3$$

$$= (x-1) - \frac{1}{2}(x-1)^2 + \frac{1}{3}(x-1)^3$$

3.2 $f'(x) = 1/\cos^2 x$ より, $f(0) = 0, f'(0) = 1$ ∴ $f(x) \fallingdotseq x$

3.3 $f'(x) = -2\sin(2x), f''(x) = -4\cos(2x)$ より, $f(0) = 2, f'(0) = 0, f''(0) = -4$

$$f(x) \fallingdotseq f(0) + f'(0)(x-0) + \frac{1}{2}f''(0)(x-0)^2$$
$$= 2 + 0 \times x + \frac{1}{2} \times (-4) \times x^2$$
$$= 2 - 2x^2$$

3.4 $f(x) = x^{30}, f'(x) = 30x^{29}$, $f(1) = 1, f'(1) = 30$ ∴ $f(1.00004) \fallingdotseq f(1) + f'(1) \times (1.00004 - 1) = 1 + 30 \times 0.00004 = 1.0012$

3.5 $\dfrac{1/\sqrt{2} - \pi/4 + (1/6) \times (\pi^3/64)}{1/\sqrt{2}} = 0.00347$

よって, 0.35%

3.6 ラグランジュ補間は, 式 (3.12) より

$$f(z) = y_1 \frac{z - x_2}{x_1 - x_2} + y_2 \frac{z - x_1}{x_2 - x_1}$$

線形補間は式 (3.6) より

$$f(z) = \frac{y_2 - y_1}{x_2 - x_1}(z - x_1) + y_1 = y_1 \frac{z - x_2}{x_1 - x_2} + y_2 \frac{z - x_1}{x_2 - x_1}$$

となり, 同じになる.

3.7 ラグランジュ補間は, 式 (3.12) が次のようになる.

$$y = -\frac{(x-2)(x+2)}{2} + \frac{x(x+2)}{8}$$

(1) 線形補間: $(-1, 1), (1, 1.5)$
(2) ラグランジュ補間: $(-1, 1.375), (1, 1.875)$

3.8 【例題 3.3】,【例題 3.4】で作成したプログラムを利用して, 次のように求められる.

(1) 線形補間: $(-1, 1), (1, 1.5)$
(2) ラグランジュ補間: $(-1, 1.5), (1, 1.75)$

線形補間は【演習問題 3.7】と同じになるが, ラグランジュ補間では点の数が増えることにより値が変わる.

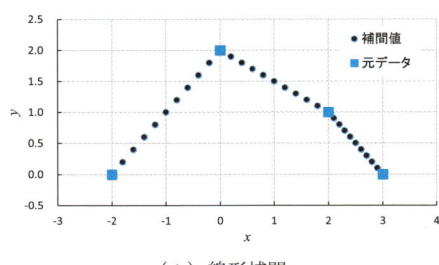

(1) 線形補間

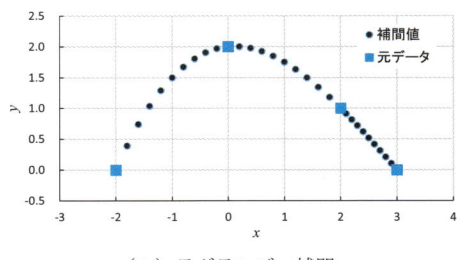

(2) ラグランジュ補間

解図 3.1

3.9 ラグランジュ補間は，式 (3.12) が次のようになる．

$$f = \frac{(x-3)(x-5)}{5}$$

x	0	1	2	3	4	5	6	7	8	9	10
(1)	3	2	1	0	1	2	3	4	5	6	7
(2)	3	8/5	3/5	0	−1/5	0	3/5	8/5	3	24/5	7

3.10【例題 3.3】，【例題 3.4】で作成したプログラムを利用して，次のように求められる．データ数を 4 点，補間する点数を各 12 点とすると，次の値が求められる．

x	0	1	2	3	4	5	6	7	8	9	10
(1)	3	2	1	0	1.67	3.33	5	5.5	6	6.5	7
(2)	3	0.5	−0.38	0	1.27	3.06	5	6.73	7.89	8.1	7

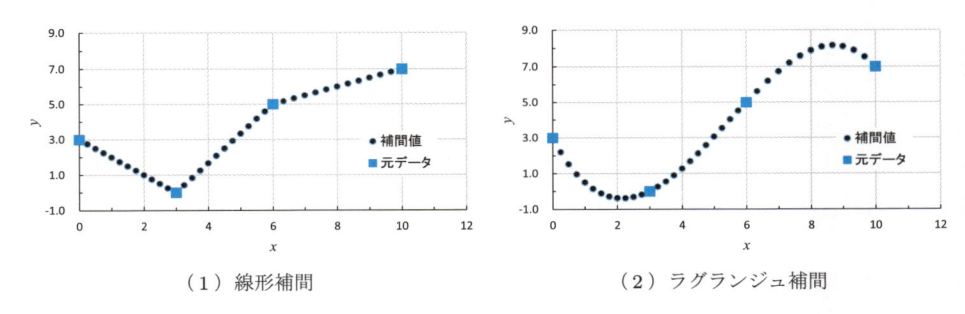

（1）線形補間　　　　　　　　　　　（2）ラグランジュ補間

解図 3.2

4 章

4.1 3 点微分公式：1.0033，5 点微分公式：0.9999 となり，誤差はそれぞれ 3×10^{-3} と 5×10^{-5} である．

4.2 理論値 1 に対して，刻み幅 $h = \pi/20$ で計算すると，3 点微分公式：0.9836，5 点微分公式：0.9997 となる．

4.3 $f'(x) = \{f(x_{i+1}) - f(x_{i-1})\}/(2\Delta x)$ より，次のようになる．

解図 4.1

4.4 【演習問題 4.3】と同様に考える．

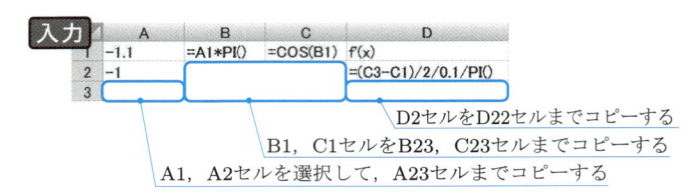

	A	B	C	D
1	-1.1	=A1*PI()	=COS(B1)	f(x)
2	-1			=(C3-C1)/2/0.1/PI()
3				

入力

D2セルをD22セルまでコピーする
B1，C1セルをB23，C23セルまでコピーする
A1，A2セルを選択して，A23セルまでコピーする

⇩

結果

	A	B	C	D
1	-1.1	-3.456	-0.951	f(x)
2	-1	-3.142	-1.000	0.000
3	-0.9	-2.827	-0.951	0.304
4	-0.8	-2.513	-0.809	0.578
5	-0.7	-2.199	-0.588	0.796
6	-0.6	-1.885	-0.309	0.935
7	-0.5	-1.571	0.000	0.984
8	-0.4	-1.257	0.309	0.935
9	-0.3	-0.942	0.588	0.796
10	-0.2	-0.628	0.809	0.578
11	-0.1	-0.314	0.951	0.304
12	0	0.000	1.000	0.000
13	0.1	0.314	0.951	-0.304
14	0.2	0.628	0.809	-0.578
15	0.3	0.942	0.588	-0.796
16	0.4	1.257	0.309	-0.935
17	0.5	1.571	0.000	-0.984
18	0.6	1.885	-0.309	-0.935
19	0.7	2.199	-0.588	-0.796
20	0.8	2.513	-0.809	-0.578
21	0.9	2.827	-0.951	-0.304
22	1	3.142	-1.000	0.000
23	1.1	3.456	-0.951	

解図 4.2

4.5 (1) $\dfrac{\partial z}{\partial x} = \cos x \cos y$　　(2) $\dfrac{\partial z}{\partial y} = -\sin x \sin y$　　(3) $\dfrac{\partial^2 z}{\partial x \partial y} = -\cos x \sin y$

4.6

入力

	A	B	C	D
1			-1.0	-0.9
2			=C1*PI()	
3	-1.0	=A3*PI()	=SIN($B3)*SIN(C$2)	
4	-0.9			

解図 4.3

C1, D1 セルを選択して W 列までコピー．A3, A4 セルを選択して 23 行までコピー．
C2 セルを選択して W 列までコピー．B3 セルを選択して 23 行までコピー．
C3 セルを選択して W 列までコピーし，C3〜W3 セルを選択して 23 行までコピー．
C3〜W23 セルを選択して 3-D 等高線グラフを描く．

$x = -0.5\pi, +0.5\pi$ かつ $y = -0.5\pi, +0.5\pi$ のとき，極大もしくは極小になることがわかる．

$$\dfrac{\partial z}{\partial x} = \cos x \sin y \text{ より, } x = \pm\dfrac{\pi}{2} \text{ で } y \text{ にかかわらず } \dfrac{\partial z}{\partial x} = 0$$

$$\dfrac{\partial z}{\partial y} = \sin x \cos y \text{ より, } y = \pm\dfrac{\pi}{2} \text{ で } x \text{ にかかわらず } \dfrac{\partial z}{\partial y} = 0$$

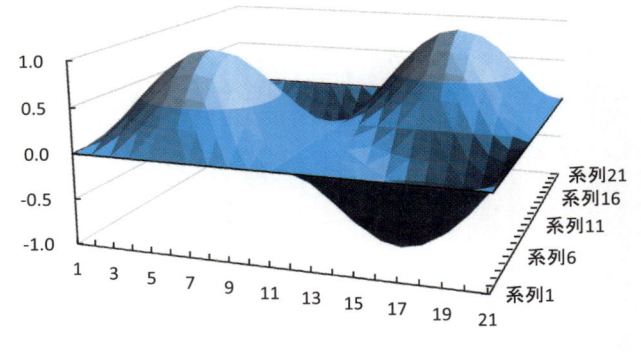

解図 4.4

したがって，$x = -0.5\pi, +0.5\pi$ かつ $y = -0.5\pi, +0.5\pi$ のとき，$\partial z/\partial x = 0$ かつ $\partial z/\partial y = 0$ となり，極大もしくは極小になることが式からも確認できる．

4.7 4.2 節の表を用いる．理論値：$\pi/4 = 0.785398$，長方形近似：0.706858，台形近似：0.785398，シンプソン公式：0.785398

4.8 4.2 節の表を用いる．理論値：$2\ln 2 - 1 = 0.386294$，長方形近似：0.351221，台形近似：0.385878，シンプソン公式：0.386293

4.9 【例題 4.5】の表を利用すれば，$1233\,\mathrm{mm}^2$ と求められる．

解図 4.5

	A	B	C	D	E	F	G	H	I	J	K	L
1	i	①	②	③	④	⑤	⑥	⑦	⑧	⑨	⑩	⑪
2	x(i)	0	20	12	32	51	44	63	39	32	24	0
3	y(i)	37	23	0	14	0	23	37	37	60	37	37
4	x(i)-x(i+1)	-20	8	-20	-19	7	-19	24	7	8	24	0
5	y(i)+y(i+1)	60	23	14	14	23	60	74	97	97	74	37
6	S(i)	-1200	184	-280	-266	161	-1140	1776	679	776	1776	0
7	面積	1233										

4.10 【例題 4.5】の表を利用すれば，$7\,\mathrm{cm}^2$ と求められる．

解図 4.6

	A	B	C	D	E	F	G
1	i	①	②	③	④	⑤	①
2	x(i)	0	4	5	3	2	0
3	y(i)	0	1	4	2	3	0
4	x(i)-x(i+1)	-4	-1	2	1	2	0
5	y(i)+y(i+1)	1	5	6	5	3	0
6	S(i)	-4	-5	12	5	6	0
7	面積	7					

5 章

5.1 $f(x)$ をグラフにすると解図 5.1 のようになり，$x = 1$ 付近に解があることがわかる．

(1) ニュートン‐ラフソン法

$f'(x) = 2\sin x \cos x + \sin x$ であることを用い，初期値を $x = 1$ として計算すると，$x = 0.9046$ と求められる（解図 5.2）．

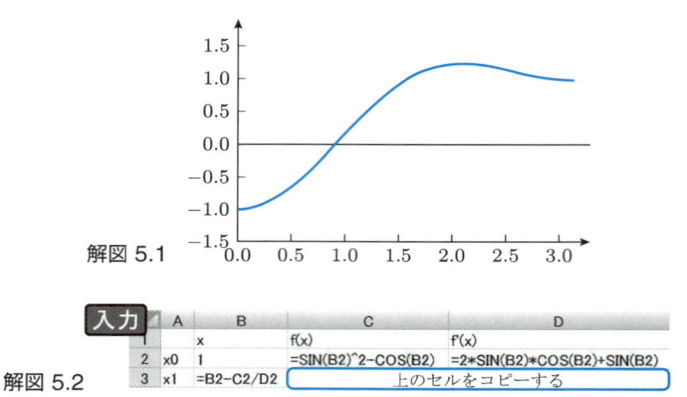

解図 5.1

	A	B	C	D
1	x	f(x)		f'(x)
2	x0	1	=SIN(B2)^2-COS(B2)	=2*SIN(B2)*COS(B2)+SIN(B2)
3	x1	=B2-C2/D2	上のセルをコピーする	

解図 5.2

(2) 二分法

$f(x)$ のグラフより，$x=0$ と $x=1$ の間に解があることがわかる．したがって，B2 セルを 0，D2 セルを 1 にする．

	A	B	C	D	E	F	G	H
1		a	f(a)	b	f(b)	c	f(c)	f(a)*f(c)
2	x0	0	=SIN(B2)^2-COS(B2)	1	=SIN(D2)^2-COS(D2)	=(B2+D2)/2	=SIN(F2)^2-COS(F2)	=C2*G2
3	x1	=F2	=SIN(B3)^2-COS(B3)	=IF(H2<0,B2,D2)	上のセルをコピーする			

解図 5.3

(3) はさみうち法

二分法のシートで F2 セルを =(B2*E2-D2*C2)/(E2-C2) とし，これを下の行へコピーする．

5.2 $f(x) = e^x + e^{-x} - 10$ とし，$f'(x) = e^x - e^{-x}$ を使って，$f(x) = 0$ となる x を求める．
理論解は，$x = \ln(5 \pm \sqrt{24}) \fallingdotseq \pm 2.292$

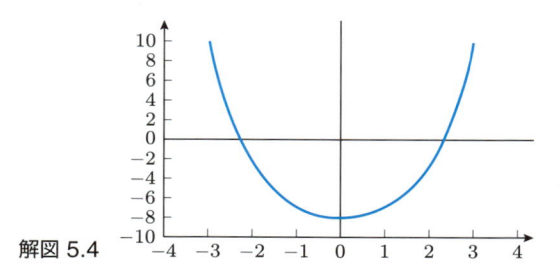

解図 5.4

5.3 $g(x)$ のグラフは解図 5.5 のようになるので，$x = 0.2$ を初期値としてニュートン-ラフソン法を適用する．$g'(x) = 1 - 1.01 \cos x$ である．したがって，解図 5.6 のようになるので，絶対値が 0.244 rad（約 14°）以下の場合に，誤差が 1% 以下となる．

5.4 【演習問題 5.3】と同様にして，$g(x) = 0.99 e^x - 1 - x$ を考えると，解図 5.7 になる．$g(x) \leqq 0$ となる x の範囲をニュートン-ラフソン法で求めるとすると，初期値 −0.2 で負の側，初期値 0.2 で正の側が求められ，$-0.1352 \leqq x \leqq 0.1486$ となる．

解図 5.5

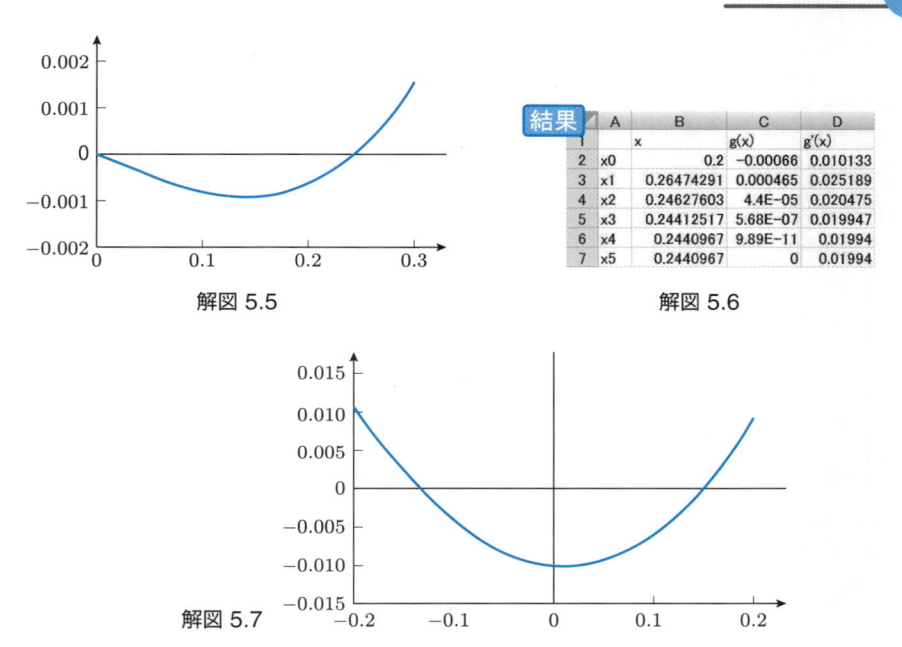

解図 5.6

解図 5.7

5.5 底から y の位置で球を水平に輪切りにして，その大きさを考える．解図 5.8 で，$OA = OC = 4\,\text{cm}$, $AB = y\,[\text{cm}]$, $OB = 4-y\,[\text{cm}]$ なので，$BC = \sqrt{4^2 - (4-y)^2} = \sqrt{8y - y^2}$ になる．BC を通る水平面で，球を dy の薄さで輪切りにすると，その体積は，$\pi(8y - y^2)dy$ になる．これを，y の範囲として 0 から h まで積分すれば，水に沈んだ部分の体積が求められる．

$$\int_0^h \pi(8y - y^2)dy = 4\pi h^2 - \frac{\pi}{3}h^3$$

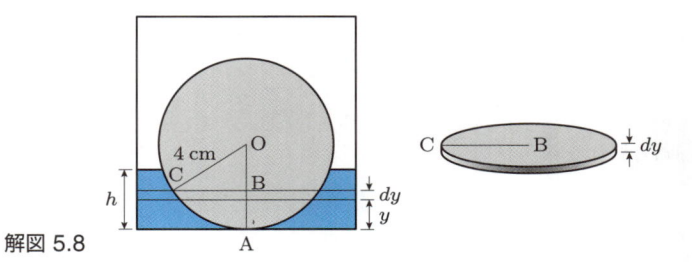

解図 5.8

水位 h で底面 $10 \times 10\,\text{cm}$ の体積は $100h$ であり，そのうち球の占める体積が $4\pi h^2 - (\pi/3)h^3$ である．この差が水 $200\,\text{cm}^3$ になるので，$f(h) = 100h - 4\pi h^2 + (\pi/3)h^3 - 200 = 0$ となる h を求めればよい．したがって，$h = 2.7\,\text{cm}$ となる．

5.6 【演習問題 5.5】と同様に考え，$f(h) = 100h - (125/3)\pi + (\pi/3)(5-h)^3 - 200 = 0$ となる h を求めればよい．したがって，$h = 3.25\,\text{cm}$ となる．

5.7 $f(x)$ のグラフは解図 5.9 になる．$f'(x) = 4x^3 - 36x^2 + 98x - 78$

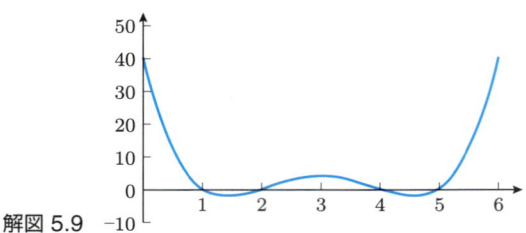

解図 5.9

初期値を適切に設定すれば，解として $x = 1, 2, 4, 5$ の四つを求めることができる．ただし，$x = 3$ において $f'(x) = 0$ になるため，ニュートン−ラフソン法を用いて初期値を $x = 3$ とすれば，0 で割る計算になって #DIV/0! とエラーが表示される．ほかの初期値を使うか，二分法やはさみうち法を使うのが望ましい．

5.8 $f(x)$ のグラフは解図 5.10 になる．$f'(x) = 3x^2 - 6x - 3$

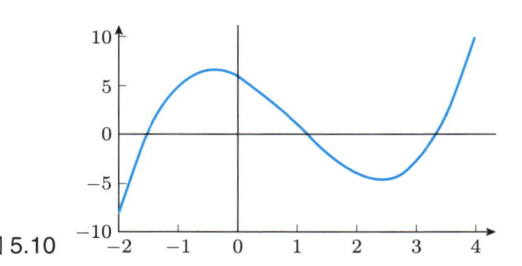

解図 5.10

初期値を $-2, 1, 3$ として，$-1.529, 1.167, 3.361$ の三つの解を求めることができる．

5.9 ゴールシークの目標値を 20 にすればよい．$h \fallingdotseq 3.193\,\text{m}$ となる．

5.10 次のようなシートを作る．

解図 5.11

ゴールシークで，数式入力セルを B2，目標値を 1，変化させるセルを A2 とする．$x \fallingdotseq 1.00575$ となる．

6 章

6.1 (1) $\boldsymbol{a} \cdot \boldsymbol{b} = 2$　(2) $\boldsymbol{a} \times \boldsymbol{b} = (-2\ \ 1\ \ 4)$　(3) $\boldsymbol{b} \times \boldsymbol{a} = (2\ \ -1\ \ -4)$

6.2 (1) $\boldsymbol{a} \cdot \boldsymbol{b} = 4$　(2) $\boldsymbol{a} \times \boldsymbol{b} = (2\ \ 2\ \ -2)$

6.3 $\boldsymbol{a} \times \boldsymbol{b} = (2\ \ 2\ \ -2),\ |\boldsymbol{a} \times \boldsymbol{b}| = \sqrt{12},\ |\boldsymbol{b}| = \sqrt{2}$ より，求めるベクトルは，
$(2/\sqrt{6}\ \ 2/\sqrt{6}\ \ -2/\sqrt{6})$

6.4 $\boldsymbol{a} \times \boldsymbol{b} = (2\ \ -7\ \ 3),\ |\boldsymbol{a} \times \boldsymbol{b}| = \sqrt{62},\ \boldsymbol{a} \cdot \boldsymbol{b} = 8$ より，求めるベクトルは，

$(16/\sqrt{62} \quad -56/\sqrt{62} \quad -24/\sqrt{62})$

6.5 $Ab = \begin{pmatrix} 1 & 2 & 0 & 1 \\ 2 & 3 & 7 & 0 \\ 1 & 4 & 5 & 8 \end{pmatrix} \begin{pmatrix} 3 \\ -1 \\ 4 \\ -1 \end{pmatrix} = \begin{pmatrix} 0 \\ 31 \\ 11 \end{pmatrix}$

6.6 $Ab = \begin{pmatrix} 1 & 3 & 2 \\ 9 & 1 & 8 \\ -1 & -5 & -3 \end{pmatrix} \begin{pmatrix} 1 \\ 2 \\ -1 \end{pmatrix} = \begin{pmatrix} 5 \\ 3 \\ -8 \end{pmatrix}$

6.7 $AB = \begin{pmatrix} 1 & 2 & 3 \\ 2 & 5 & 7 \\ 3 & 7 & 4 \end{pmatrix} \begin{pmatrix} 2 & 0 & 1 \\ 0 & 3 & 2 \\ 1 & 2 & 3 \end{pmatrix} = \begin{pmatrix} 5 & 12 & 14 \\ 11 & 29 & 33 \\ 10 & 29 & 29 \end{pmatrix}$, $A^{-1} = \begin{pmatrix} 4.83 & -2.17 & 0.17 \\ -2.17 & 0.83 & 0.17 \\ 0.17 & 0.17 & -0.17 \end{pmatrix}$

6.8 $AA^T = \begin{pmatrix} 1 & 2 & 0 & 1 \\ 2 & 3 & 7 & 0 \\ 1 & 4 & 5 & 8 \end{pmatrix} \begin{pmatrix} 1 & 2 & 1 \\ 2 & 3 & 4 \\ 0 & 7 & 5 \\ 1 & 0 & 8 \end{pmatrix} = \begin{pmatrix} 6 & 8 & 17 \\ 8 & 62 & 49 \\ 17 & 49 & 106 \end{pmatrix}$

6.9 $A^3 = \begin{pmatrix} 1 & 2 \\ 3 & 4 \end{pmatrix} \begin{pmatrix} 1 & 2 \\ 3 & 4 \end{pmatrix} \begin{pmatrix} 1 & 2 \\ 3 & 4 \end{pmatrix} = \begin{pmatrix} 1 & 2 \\ 3 & 4 \end{pmatrix} \begin{pmatrix} 7 & 10 \\ 15 & 22 \end{pmatrix} = \begin{pmatrix} 37 & 54 \\ 81 & 118 \end{pmatrix}$

6.10 $\begin{pmatrix} \cos 40° & -\sin 40° \\ \sin 40° & \cos 40° \end{pmatrix} \begin{pmatrix} 4 \\ 1 \end{pmatrix} = \begin{pmatrix} 2.421 \\ 3.337 \end{pmatrix}$

7章

7.1 プログラムは，まず反発係数 e を読み込む部分を追加する．`h2 = [B5]` の後に，`e = [B6]` という行を追加する．さらに，当たりの判定箇所を修正する．当たると `Exit Do` でループの外に出ていた行を，速度の x 方向成分を修正する行に変更する．

(【例題 7.1】) `Exit Do` → （修正）`vx = -e * vx`

保存し，Excel に戻って実行する．e の値によって，的に当たった際のはね返り挙動が異なることを確認することができる．$e = 0$ ならそのまま下に落ち，$e = 1$ なら大きくはね返る．

7.2 約 36 m/s（35.77〜36.99 m/s）

7.3 解くべき式は，$dx/dt = bx(1 - x/a) = 0.1x(1 - 0.01x)$ である．時間刻み $\Delta t = 1$ として，この式をオイラー法で定式化すると，$x(t + \Delta t) = x(t) + (dx/dt)\Delta t = x(t) + 0.1x(1 - 0.01x)$ になる．したがって，次のような表を作成する．

	A	B	C	D	E
1	a	100	t	x	dx/dt
2	b	0.1	0	1	=$B$2*($B$1-D2)*D2/$B$1
3	dt	1	=C2+1	=D2+E2*$B$3	上のセルをコピーする

解図 7.1

C3〜E3 セルを選択し，102 行目までコピーすると，シミュレーションが完成する．C, D 列を選んで散布図（直線）のグラフを描く．

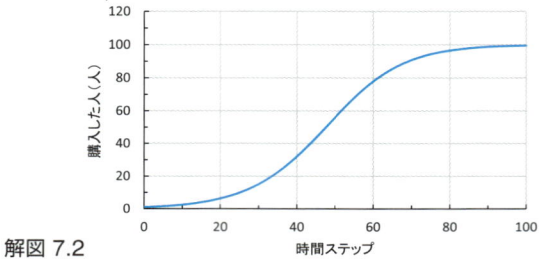

解図 7.2

7.4 次のような表を作る．$\Delta x = 0.1$ と $\Delta x^2 = 0.01$ は，数字で入力している．

解図 7.3

	A	B	C	D
1	x	0	0.1	0.2
2	y0		y1	y2
3	y	1	=B3	=((2-0.01)*C3-(1+0.1)*B3)/(1-0.1)
4	理論解	=(1-B1)*EXP(B1)	左のセルをコピーする	

ここまで入力し，C1〜D2 セルの四つを選択し，右下の四角いハンドルをつかんで右へカーソルを動かして L 列までコピーする．次に，D3, D4 セルの二つを選択し，右の L 列までコピーする．理論解は $y = (1-x)e^x$ であり，Δx をもっと小さくすると精度は向上する．

解図 7.4

	A	B	C	D	E	F	G	H	I	J	K	L
1	x	0.0	0.1	0.2	0.3	0.4	0.5	0.6	0.7	0.8	0.9	1.0
2		y0	y1	y2	y3	y4	y5	y6	y7	y8	y9	y10
3	y	1	1	0.99	0.96	0.92	0.86	0.78	0.67	0.53	0.35	0.13
4	理論解	1	0.99	0.98	0.94	0.90	0.82	0.73	0.60	0.45	0.25	0

7.5 次のような表を作る．

解図 7.5

	A	B	C	D	E
1	時間刻み	時間	加速度	変位	速度
2	0.1	0	=-A6/A12	1	0
3	角速度ω	=B2+$A$2	①	②	③
4	6				
5	ω*ω				
6	=A4*A4				
7	dt*dt				
8	=A2*A2				
9	2hω				
10	=2*0.05*A4				
11	分母				
12	=1+A10*A2/2+A8*A6/6				

① =(-$A$6*D2-($A$10+$A$6*$A$2)*E2-($A$10*$A$2/2+$A$8*$A$6/3)*C2)/$A$12
② =D2+$A$2*E2+$A$8*C2/3+$A$8*C3/6
③ =E2+$A$2*C2/2+$A$2*C3/2

①〜③を入力した後，B3〜E3 セルの四つを選択し，102 行目まで下へコピーする．

B, D 列を選んで散布図（直線）のグラフを描くと，図のようになる．

解図 7.6

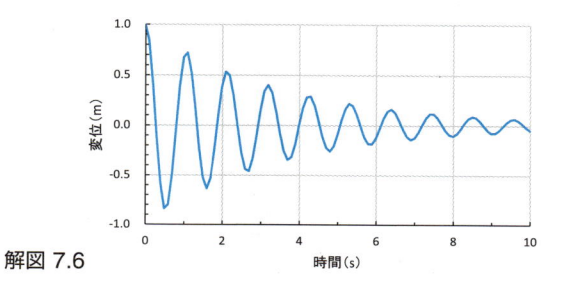

7.6 次のような表を作る．

解図 7.7

	A	B	C	D	E	F
入力						
1	時間刻みdt	0.1	時間t	加速度	変位	速度v
2	重力加速度g	9.8	0	=B2	0	0
3	比例定数c	2.5	=C2+$B$1	①	②	③
4	dt*dt	=B1*B1				

①〜③は，線形加速度法の式を使う．
①=($B$2-$B$3*F2-$B$3*$B$1/2*D2)/(1+$B$3*$B$1/2)
②=E2+F2*$B$1+$B$4/3*D2+$B$4/6*D3
③=F2+$B$1/2*(D2+D3)

C3〜F3 セルの四つを選択し，42 行目までコピーする．C, F 列で散布図のグラフを描くと，解図 7.8 のようになる．グラフを見ると，ある程度時間が経過すると雨粒の落下速度 v は，$v_\infty = g/c = 3.92\,\mathrm{m/s}$ という一定値になっていることがわかる．この v_∞ を最終速度，あるいは終端速度という．

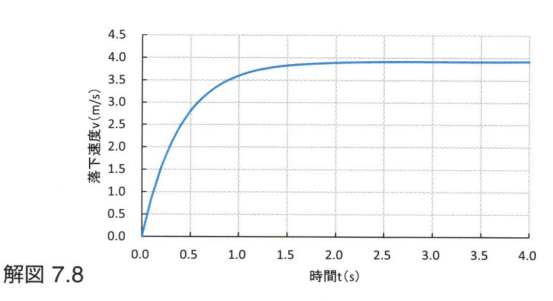

解図 7.8

7.7【例題 7.3】の Excel のシートで，A6 セルを=4*PI( )^2 とすればよい．結果は解図 7.9

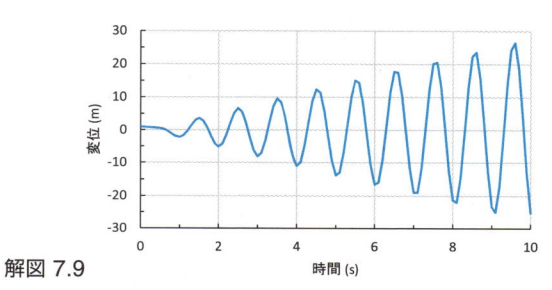

解図 7.9

のようになり，応答変位がどんどん大きくなる．地盤の揺れの周期と構造物の固有周期がどちらも 1s になって一致したため，共振現象が発生している．構造物の耐震設計では，地盤の揺れやすい周期を考えて構造物の強度を決めたり，共振を避ける工夫をしたりしている．

7.8 式 (7.34) に相当する式が，

$$\begin{bmatrix} 1+2c & -c & 0 & 0 & \cdots & 0 & 0 \\ -c & 1+2c & -c & 0 & \cdots & 0 & 0 \\ 0 & -c & 1+2c & -c & \cdots & 0 & 0 \\ 0 & 0 & -c & 1+2c & \cdots & 0 & 0 \\ \vdots & \vdots & \vdots & \vdots & \ddots & \vdots & \vdots \\ 0 & 0 & 0 & 0 & \cdots & 1+2c & -c \\ 0 & 0 & 0 & 0 & \cdots & -c & 1+2c \end{bmatrix} \begin{Bmatrix} u(1) \\ u(2) \\ u(3) \\ u(4) \\ \vdots \\ u(8) \\ u(9) \end{Bmatrix} = \begin{Bmatrix} u_0(1) \\ u_0(2) \\ u_0(3) \\ u_0(4) \\ \vdots \\ u_0(8) \\ u_0(9) \end{Bmatrix}$$

になる．係数行列の 9 行 9 列が，$1+c$ ではなく $1+2c$ になるだけである．また，初期値 B36 セルを 1 ではなく 0 にし，C36〜V36 セルも 0 にする．結果は u5 を境に上下対称となり，0 に近づくステップも短い．

解図 7.10

解図 7.11

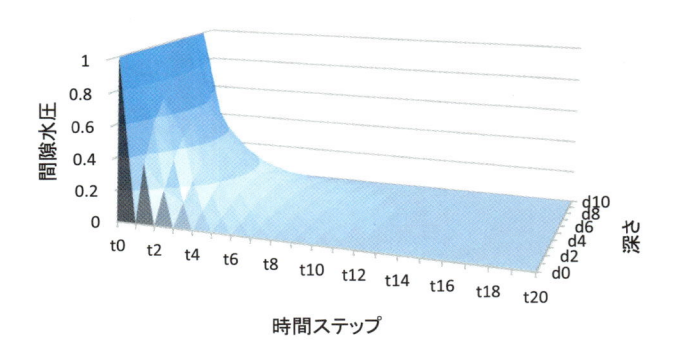

7.9 【演習問題 7.8】と同じシートを作る．B1 セルを 0.01 に，B26〜V26 セルと B36〜V36 セルを 100 に，B27〜B35 セルを 20 にする．結果のグラフは次のようになり，全体の温度が徐々に上がって均一になっていく様子がわかる．

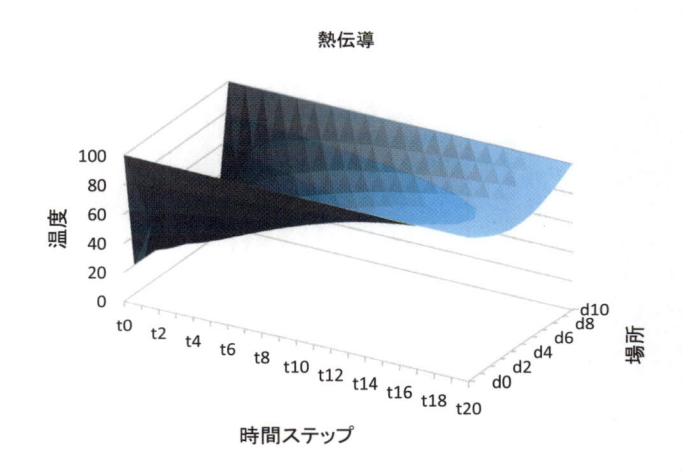

熱伝導

解図 7.12 ■0-20 ■20-40 ■40-60 ■60-80 ■80-100

7.10 式を行列で表示すると，次のようになる．

$$\begin{Bmatrix} u(1) \\ u(2) \\ u(3) \\ u(4) \\ \vdots \\ u(8) \\ u(9) \end{Bmatrix} = \begin{bmatrix} 2(1-c) & c & 0 & 0 & \cdots & 0 & 0 \\ c & 2(1-c) & c & 0 & \cdots & 0 & 0 \\ 0 & c & 2(1-c) & c & \cdots & 0 & 0 \\ 0 & 0 & c & 2(1-c) & \cdots & 0 & 0 \\ \vdots & \vdots & \vdots & \vdots & \ddots & \vdots & \vdots \\ 0 & 0 & 0 & 0 & \cdots & 2(1-c) & c \\ 0 & 0 & 0 & 0 & \cdots & c & 2(1-c) \end{bmatrix} \begin{Bmatrix} u_0(1) \\ u_0(2) \\ u_0(3) \\ u_0(4) \\ \vdots \\ u_0(8) \\ u_0(9) \end{Bmatrix} - \begin{Bmatrix} u_{-1}(1) \\ u_{-1}(2) \\ u_{-1}(3) \\ u_{-1}(4) \\ \vdots \\ u_{-1}(8) \\ u_{-1}(9) \end{Bmatrix}$$

解図 7.13

	A	B	C	D	E
1	dt	0.05			
2	dz	0.1			
3	c	=B1*B1/B2/B2		2(1-c)	=2*(1-B3)

解図 7.14

	A	B	C	D	E	F	G	H	I
5	=E3	=B3	0	0	0	0	0	0	0
6	=B3	=E3	=B3	0	0	0	0	0	0
7	0	=B3	=E3	=B3	0	0	0	0	0
8	0	0	=B3	=E3	=B3	0	0	0	0
9	0	0	0	=B3	=E3	=B3	0	0	0
10	0	0	0	0	=B3	=E3	=B3	0	0
11	0	0	0	0	0	=B3	=E3	=B3	0
12	0	0	0	0	0	0	=B3	=E3	=B3
13	0	0	0	0	0	0	0	=B3	=E3

解図 7.15

D17～D25 セルを選び, =MMULT($A$5:$I$13,C17:C25)-B17:B25) と入力して, Shift キーと Ctrl キーを押したまま Enter キーを押す. あとは, D15～D26 セルを L 列までコピーすれば完成である. 折れ線グラフで表すと, 次の図のように弦が振動する様子がわかる.

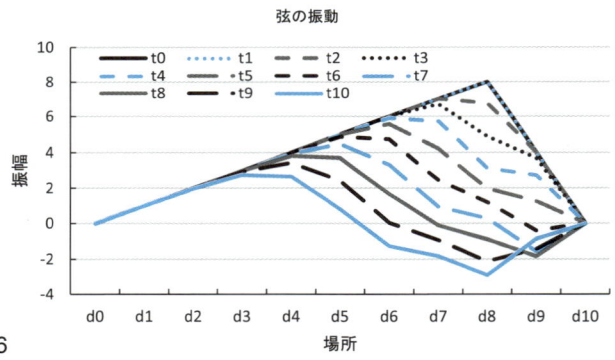

解図 7.16

8 章

8.1【例題 8.3】の表を, 次のように変更する.

解図 8.1

「表示」→「マクロ」から gauss を選んで実行する.
$$(x_1 \quad x_2 \quad x_3 \quad x_4) = (1 \quad -2 \quad -3 \quad 4)$$
8.2 $(x_1 \quad x_2 \quad x_3 \quad x_4) = (-6.5 \quad 7.5 \quad -5.0 \quad 2.5)$
8.3 $(x_1 \quad x_2 \quad x_3) = (4 \quad -5 \quad 2)$
8.4 $(x_1 \quad x_2 \quad x_3 \quad x_4 \quad x_5) = (-1.76 \quad 0.212 \quad -0.197 \quad 0.106 \quad -0.530)$
8.5【例題 8.2】の表を参考に, 次のような表を作る.

解図 8.2

	A	B	C	D
1	m1 (kg)	1	k1 (N/m)	1
2	m2 (kg)	1	k2 (N/m)	1
3	m3 (kg)	1	k3 (N/m)	1
4	A	=D1+D2-B1*B7	=-D2	0
5		=-D2	=D2+D3-B2*B7	=-D3
6		0	=-D3	=D3-B3*B7
7	w*w	0		
8	det(A)	=MDETERM(B4:D6)		
9	T (s)	=2*PI()/SQRT(B7)		

ソルバーで，目的セルを B8，目標値を指定値として 0，変化させるセルを B7 とすると，$\omega^2 = 0.2$，$T = 14$ s が得られる．次に，得られた B7 セルの値より大きな 1 を C7 セルに入力し，ソルバーで制約条件 B7>=C7 を設定し，「制約のない変数を非負数にする」のチェックを外して実行すると，$\omega^2 = 1.6$，$T = 5.0$ s が得られる．次に，得られた B7 セルの値より大きな 2 を C7 セルに入力し，ソルバーで制約条件 B7>=C7 を設定して実行すると，$\omega^2 = 3.2$，$T = 3.5$ s が得られる．したがって，答えは，$T_1 = 14$ s，$T_2 = 5.0$ s，$T_3 = 3.5$ s になる．

8.6 【演習問題 8.5】と同様にして，$T_1 = 10.5$ s に対して $Y_2/Y_1 = 1.56$，$T_2 = 5.33$ s に対して $Y_2/Y_1 = -2.56$ が得られる．

8.7 $x = Xe^{i\omega t}$，$y = Ye^{i\omega t}$ とおいて式に代入すると，$e^{i\omega t} \neq 0$ より，

$$\begin{pmatrix} 3-\omega^2 & -1 \\ -1 & 4-\omega^2 \end{pmatrix} \begin{Bmatrix} X \\ Y \end{Bmatrix} = \begin{Bmatrix} 0 \\ 0 \end{Bmatrix}$$

になる．左辺の行列式が 0 になる条件を求めればよいので，【例題 8.2】と同様の表を用いてソルバーを利用する．

解図 8.3

	A	B	C
1	A	=3-B3	-1
2		-1	=4-B3
3	w*w	0	0
4	w	=SQRT(B3)	
5	det(A)	=MDETERM(B1:C2)	
6	Y/X	=-B1/C1	

ソルバーで，目的セルを B5，目標値を指定値として 0，変化させるセルを B3 とすると，$\omega \fallingdotseq 1.54$，$Y/X \fallingdotseq 0.618$ が得られる．つまり，a を定数として，$x = ae^{1.54it}$，$y = 0.618ae^{1.54it}$ が解になる．定数 a の値は，$t = 0$ における初期条件によって決まる．次に，得られた B3 セルの値より大きな 3 を C3 セルに入力し，ソルバーで制約条件 B3>=C3 を設定し，「制約のない変数を非負数にする」のチェックを外して実行すると，$\omega \fallingdotseq 2.15$，$Y/X \fallingdotseq -1.62$ が得られる．なお，理論値は $\omega = \sqrt{(7-\sqrt{5})/2}$ に対して $Y = -\{(1-\sqrt{5})/2\}X$ であり，$\omega = \sqrt{(7+\sqrt{5})/2}$ に対して $Y = \{(1+\sqrt{5})/2\}X$ になる．

8.8 【演習問題 8.7】と同じシートを利用する．B1，B2，C1，C2 セルの四つが違うだけである．

【演習問題 8.7】と同様の操作で，$\omega \fallingdotseq 1.26$，$Y/X \fallingdotseq -2.41$ と，$\omega \fallingdotseq 2.10$，$Y/X \fallingdotseq 0.414$ が得られる．

解図 8.4

	A	B	C
1	A	=4-B3	1
2		1	=2-B3
3	w*w	0	0
4	w	=SQRT(B3)	
5	det(A)	=MDETERM(B1:C2)	
6	Y/X	=-B1/C1	

8.9 $f(x,y) = x^2 - 2x + y^2$, $g(x,y) = \cos x - y$ とおき，$f(x,y) = 0$ （黒い線）と $g(x,y) = 0$（青い線）のグラフを描くと，解図 8.5 のようになる.

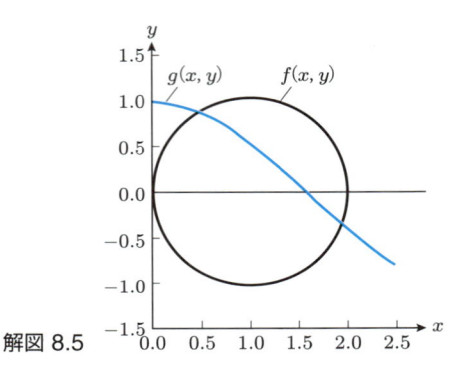

解図 8.5

$\partial f(x,y)/\partial x = 2x - 2$, $\partial f(x,y)/\partial y = 2y$, $\partial g(x,y)/\partial x = -\sin x$, $\partial g(x,y)/\partial x = -1$ となる．グラフを参考に考えて，初期値 $(1,0)$ で例題 8.5 と同様の計算をすると $(0.51, 0.87)$ に収束し，初期値 $(1.5, 0)$ で $(1.93, -0.36)$ に収束する．したがって，答えは $(x,y) = (0.51, 0.87), (1.93, -0.36)$ である．

8.10 $f(x,y) = x^2 - 2x + y^2 + y + 1/4$, $g(x,y) = e^{-x} - 4y^2$ とおき，$f(x,y) = 0$（黒い線）と $g(x,y) = 0$（青い線）のグラフを描くと，解図 8.6 のようになる．

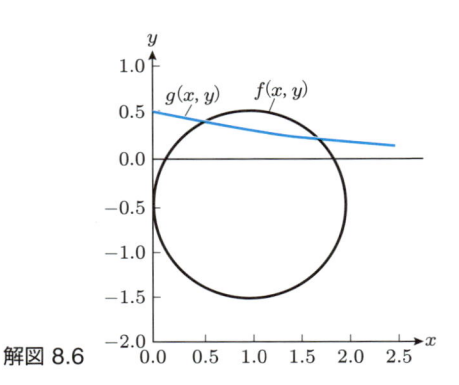

解図 8.6

$\partial f(x,y)/\partial x = 2x - 2$, $\partial f(x,y)/\partial y = 2y + 1$, $\partial g(x,y)/\partial x = -e^{-x}$, $\partial g(x,y)/\partial x = -8y$ となる．グラフを参考に考えて，初期値 $(0.5, 0.5)$ で【例題 8.5】と同様の計算をすると，$(0.53, 0.38)$ に収束し，初期値 $(1.5, 0.5)$ で $(1.7, 0.21)$ に収束する．したがって，答えは $(x,y) = (0.53, 0.38), (1.7, 0.21)$ である．

9章

9.1 $y = 0.58x + 2.3$，相関係数 $R = 0.859$ である．データを一つ抜いた場合の相関係数は 0.990 である．

9.2 $b = 0.97a + 0.58$，相関係数 $R = 0.942$ である．

9.3 解図 9.1 のような表を作る．それぞれの 1/4 円に入っているかどうかの判定で，入っていれば 1，入っていなければ 0 とする．すべての 1/4 円に入っているという総合判定は，四つの判定値（1 か 0）を足した値が 4 になることで判定する．

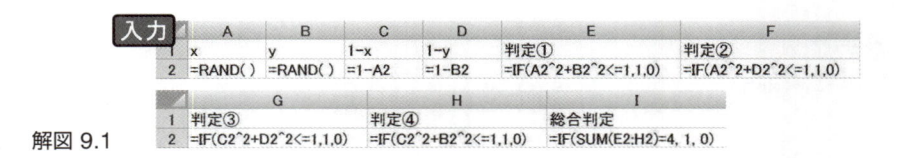

	A	B	C	D	E	F
1	x	y	1-x	1-y	判定①	判定②
2	=RAND()	=RAND()	=1-A2	=1-B2	=IF(A2^2+B2^2<=1,1,0)	=IF(A2^2+D2^2<=1,1,0)

	G	H	I
1	判定③	判定④	総合判定
2	=IF(C2^2+D2^2<=1,1,0)	=IF(C2^2+B2^2<=1,1,0)	=IF(SUM(E2:H2)=4, 1, 0)

解図 9.1

2 行目を 1001 行目までコピーする．面積は，=SUM(I2:I1001)/1000 で計算できる．理論値は $(1 + \pi/3 - \sqrt{3}) \fallingdotseq 0.315 \,\mathrm{cm}^2$ なので，数値解析結果と比較してほしい．

9.4 解図 9.2 のような表を作る．①〜③の円のいずれかに入っていればよいという判定（解図 9.2 の総合判定）は，判定①と判定②と判定③の値（それぞれ入っていれば 1，入っていなければ 0）の合計が 1 以上であるかどうかで判定する．

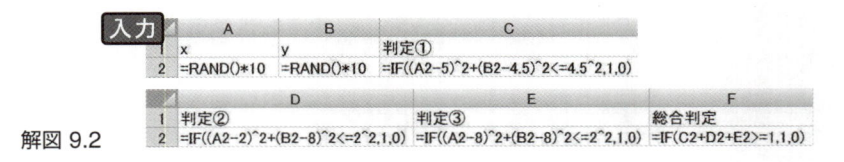

	A	B	C
1	x	y	判定①
2	=RAND()*10	=RAND()*10	=IF((A2-5)^2+(B2-4.5)^2<=4.5^2,1,0)

	D	E	F
1	判定②	判定③	総合判定
2	=IF((A2-2)^2+(B2-8)^2<=2^2,1,0)	=IF((A2-8)^2+(B2-8)^2<=2^2,1,0)	=IF(C2+D2+E2>=1,1,0)

解図 9.2

①〜③のいずれかの円に入っている確率は，=SUM(F2:F1001)/1000 で求められる．したがって，求める面積は，正方形の面積（$10 \times 10\,\mathrm{cm}$）にその確率をかけ，④，⑤の半径 $0.5\,\mathrm{cm}$ の円の面積を 2 倍した値（2*PI()*0.5*0.5）を引けば，約 $80\,\mathrm{cm}^2$ と求められる．

9.5 解図 9.3 のような表を作る．

	A	B	C	D
1	x	y	z	判定
2	=RAND()	=RAND()	=RAND()	=IF(A2*A2+B2*B2+C2*C2<=1, 1, 0)

解図 9.3

2 行目を 1001 行目までコピーする．体積は，=8*SUM(D2:D1001)/1000 で計算できる．答えは約 $4.2\,\mathrm{cm}^3$ である．

9.6 青信号 3 分，赤信号 1 分など．

9.7 それぞれの確率分布を図示すると，解図 9.4 のようになる．

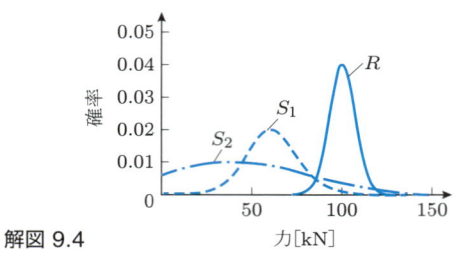

解図 9.4

	A	B	C	D
	S1	S2	R	S>R
2	=NORMINV(RAND(),60,20)	=NORMINV(RAND(),40,40)	=NORMINV(RAND(),100,10)	=IF(A2>C2,1,IF(B2>C2,1,0))

解図 9.5

2 行目の A2〜D2 セルを 1001 行目までコピーする．これで，1000 回の試行を行ったことになる．D 列の合計を試行数 1000 で割れば，破壊確率 P_f を求めることができる．

	E
	Pf
2	=SUM(D2:D1001)/1000

解図 9.6

F9 キーを何度か押して計算を繰り返すと，0.1 程度の確率になることがわかる．

9.8 解図 9.7 のような表を作る．答えは，0.9996 となる．

入力

	A	B	C
	要素の破壊確率	並列部分の要素数	並列部分の信頼性
2	0.01	2	=1-A2^B2
3	並列部分の破壊確率	直列になっているシステム数	システムの信頼性
4	=1-C2	4	=(1-A4)^B4

⇩

結果

	A	B	C
	要素の破壊確率	並列部分の要素数	並列部分の信頼性
2	0.01	2	0.9999
3	並列部分の破壊確率	直列になっているシステム数	システムの信頼性
4	1E-04	4	0.9996

解図 9.7

9.9 $\lambda = 20/10 = 2$ 人/分，$t = 1$ 分なので，$\lambda t = 2$ となる．0 人到着する確率と 1 人だけ到着する確率は，$P_0 = (2^0/0!)e^{-2} = 0.14$，$P_1 = (2^1/1!)e^{-2} = 0.27$ である．したがって，2 人以上到着する確率は，$1 - P_0 - P_1 = 0.59$ となる．

9.10 $\lambda = 1/100$ 回/年，$t = 1$ 年なので，$\lambda t = 0.01$ となる．1 年に 2 回発生する確率は，$P_2 = (0.01^2/2!)e^{-0.01} = 5.0 \times 10^{-5}$ となる．

10 章

10.1 $b_m = \dfrac{2}{m}(-1)^{m+1}$

10.2 $a_0 = \dfrac{2}{3}\pi^2, \quad a_m = \dfrac{4}{m^2}(-1)^m, \quad b_m = 0$

10.3 三角関数の公式を使えば $f(t) = (1/2)\{\sin(8\pi t) + \sin(4\pi t)\}$ と変形できるので，2 Hz と 4 Hz が含まれているはずである．【例題 10.3】の Excel 表を使い，C3 セルを =COS(2*PI( )*B3)*SIN(6*PI( )*B3) として 129 行目までコピーする．データ分析メニューからフーリエ変換を実施し，グラフで確認すれば，2 Hz と 4 Hz に山があることがわかる．

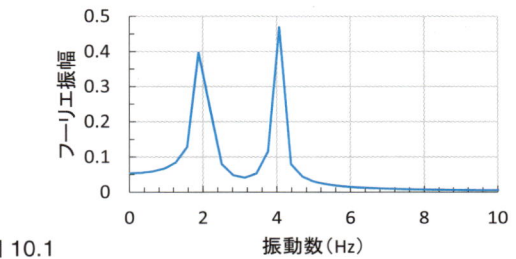

解図 10.1

10.4 三角関数の公式を使えば $f(t) = (1/2)\{\cos(12\pi t) - \cos(4\pi t)\}$ と変形できるので，2 Hz と 6 Hz が含まれているはずである．【例題 10.3】の Excel 表を使い，C3 セルを=(SIN(2*PI( )*B3))^2-(SIN(6*PI( )*B3))^2 として 129 行目までコピーする．データ分析メニューからフーリエ変換を実施し，グラフで確認すれば，2 Hz と 6 Hz に山があることがわかる．

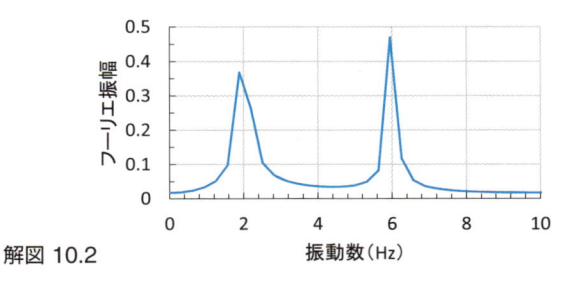

解図 10.2

10.5 得られたフーリエスペクトルは解図 10.3 のようになり，どの振動数成分も含まれている．これは，太陽の光がいろいろな振動数をもっているので白色に見えることと同じである．白色雑音（ホワイト・ノイズ）とも呼ばれる．

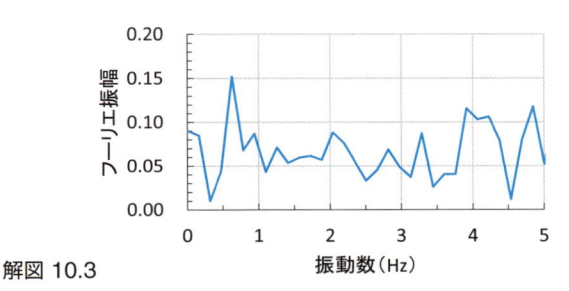

解図 10.3

10.6 【例題 10.3】のシートで，D 列を G 列にコピーする．1.5 Hz 以下に相当する G2〜G11 セル（E 列の振動数を参照）と，G121〜G129 セル（20 − 1.5 = 18.5 Hz 以上）に 0 を入力する．データ分析メニューからフーリエ変換を選択し，入力範囲を G2:G129，出力先を H2，「逆変換」にチェックして「OK」ボタンを押す．数値が文字として出力されているので，H2〜H129 セルを数値に変換する（【例題 10.4】参照）．B，H 列の散布図を描くと，解図 10.4 のように 1 Hz の低周波成分が除去された波形が得られる．

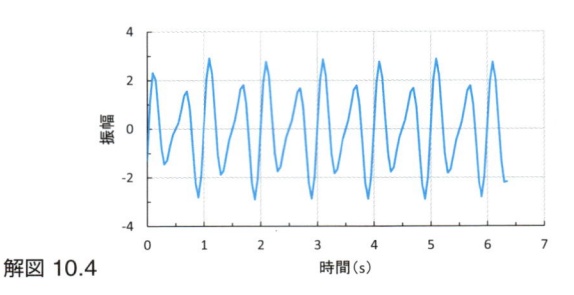

解図 10.4

10.7 この式は変形すれば，$f(t) = (1/2)\{\cos(24\pi t) + \cos(4\pi t)\}$ となり，12 Hz と 2 Hz の周期をもつ振幅 0.5 のコサイン波の合成波である（解図 10.5）．そのため，5 Hz 以上を除去すると，2 Hz の波が残るはずである．【例題 10.4】と同じシートを使い，5〜45 Hz（= 50 − 5）に対応する複素フーリエ係数を 0 にして，フーリエ逆変換すると，解図 10.6 のような振幅が 0.5 で約 2 Hz の波形が得られる．

解図 10.5   解図 10.6

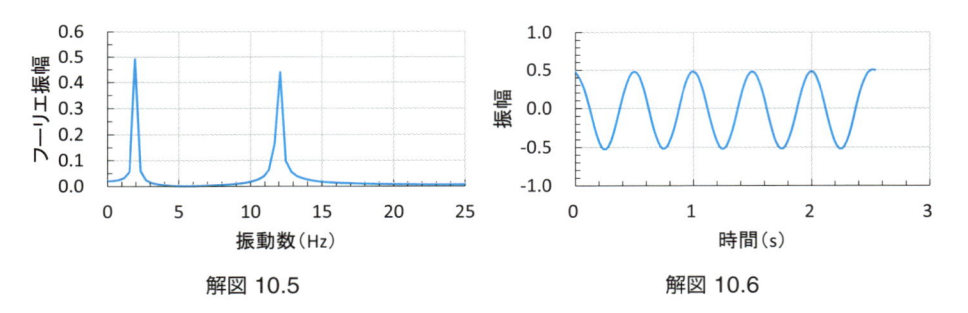

10.8 【例題 10.3】のシートで，B 列に題意の波形を入力する．この波には，解図 10.7 のような振動数が含まれている．フーリエ変換した後，D 列を G 列にコピーする．2 Hz 以下に相当する G2〜G14 セル（E 列の振動数を参照）と，G118〜G129 セル（20 − 2 = 18 Hz 以上），および，4 Hz 以上（20 − 4 = 16 Hz 以下）に相当する G28〜G104 セルに 0 を入力する．データ分析メニューからフーリエ変換を選択し，入力範囲を G2:G129，出力先を H2，「逆変換」にチェックして「OK」ボタンを押す．数値が文字として出力されているので，H2〜H129 セルを数値に変換する（【例題 10.4】参照）．B，H 列の散布図を描くと，解図 10.8 のように約 3 Hz の波形が得られる．

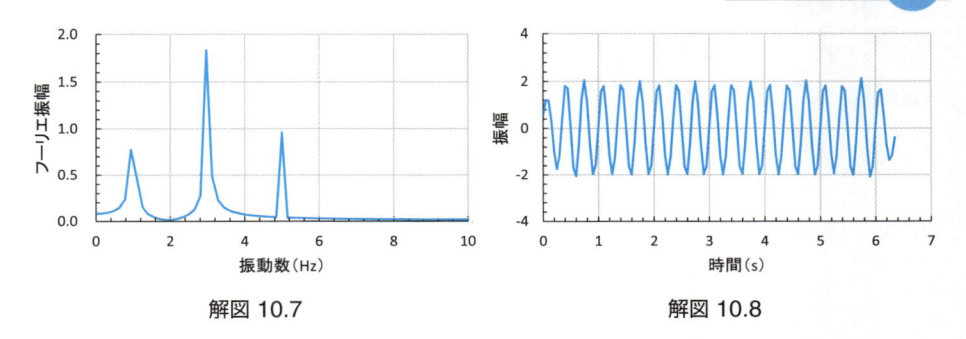

解図 10.7

解図 10.8

10.9 解図 10.9 のようなフーリエスペクトルが得られ，構造物の固有振動数 0.15 Hz と地盤の振動数 1 Hz の付近に山が見られる．

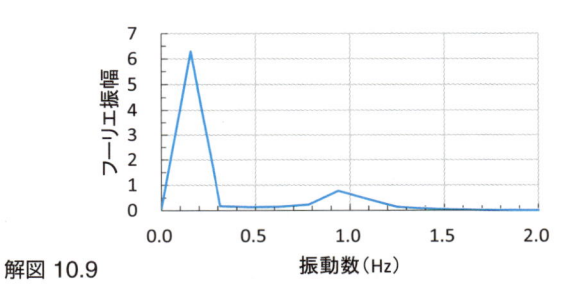

解図 10.9

10.10 解図 10.10 のようなシートを準備する．

解図 10.10

	A	B	C	D	E
1	時間間隔	時間(s)		元波形	移動平均
2	0.05	0	=B2^2+RAND()-0.5		
3	データ個数	=B2+$A$2	=B3^2+RAND()-0.5		
4	100				

B3, C3 セルを 102 行目までコピーしてから，C2〜C102 セルを選んでコピーし，D2 セルをクリックして値のみを貼り付ける（【例題 10.5】参照）．次に，E2 セルに，=AVERAGE(D2:D6) と入力し，これを E98 セルまでコピーする．B, D, E 列を選んで散布図を描くと，解図 10.11 のようなグラフが得られ，平滑化されていることがわかる．

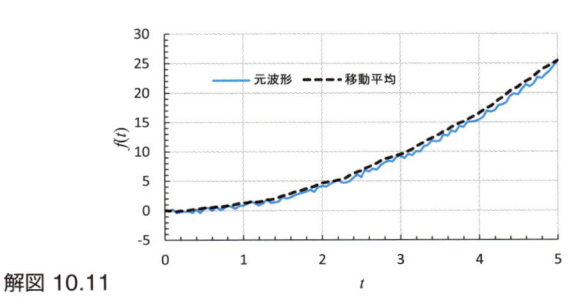

解図 10.11

索 引

■関数など

\#\#\#\#　6
\#DIV/0!　6
\#N/A　6
\#NAME?　6
\#VALUE!　6
ABS( )　33
ACOS( )　78
AVERAGE( )　2, 138
Cells( )　8
Clear　12
COS( )　101
COUNT( )　134
DEGREES( )　78
Dim　36, 96
Do〜Loop Until　25
Do While〜Loop　95
Exit For　15
EXP( )　32, 150
FACT( )　32
For〜Next　7, 39
If〜End If　11
IMABS( )　164
Int( )　15
LN( )　52
MIN( )　145
MINVERSE( )　89, 115
MMULT( )　85
Mod　12
MOD( )　145
NORMINV( )　149, 150
PI( )　34
RAND( )　142
ROUND( )　144
SQRT( )　64, 101
Sub〜End Sub　7
SUM( )　2, 45, 57, 134
SUMPRODUCT( )　78, 134
SUMSQ( )　134

■英　数

3点微分公式　50
5点微分公式　50
VBA　6

■あ　行

アナログ　17
アルゴリズム　7
移動平均法　167, 171
インデント　9
ウィンドウ　167
運動方程式　92
オイラー法　92

■か　行

回帰直線（曲線）　132, 135
回転行列　87
ガウスの消去法　120
可　換　84
拡大係数行列　121
確率分布　146
逆行列　88, 114
境界条件　93
共分散　137
行　列　74
行列式　90, 114
継続行　9
決定係数　138
後退差分　47, 105
誤　差　21
コメント　9
固有周期　118
固有振動モード　117, 118
ゴールシーク　69

■さ 行

最小二乗法　132, 139
差分近似　46
試　行　142
指数分布　149
システムの信頼性　152
自明の解　117
循環参照　5
常微分方程式　92
初期条件　93
シンプソン公式　59
数値積分　56
数値微分　46
スカラー　72
スプライン補間　41
スペクトル　158
正規分布　147
正則行列　88
正方行列　88
絶対参照　3
セル　1
線形加速度法　98, 102
線形補間　35
前進差分　47
相関係数　137
相対参照　3
ソルバー　70, 118

■た 行

台形近似　56
代　入　8, 37, 98
単　位　26
単位行列　88
中央差分　47, 105
長方形近似　56
テイラー展開　29
デジタル　17
転置行列　90
特異行列　90, 116

■な 行

ナイキスト振動数　165, 169
二項分布　151
二分法　66
ニュートン-ラフソン法　63, 127
ニューマークのβ法　99, 102

■は 行

配列　36
はさみうち法　68
引　数　45
非線形方程式　63, 127
ピボット選択　125
標準正規分布　148
標準偏差　137, 157
フィルター　165
複合参照　4
フーリエ逆変換　163
フーリエ級数　159
フーリエスペクトル　165
フーリエ変換　162
平均加速度法　102
ベクトル　72
ベクトルの外積　78
ベクトルの内積　76
変　数　7
偏微分　53
偏微分方程式　92, 104
ポアソン分布　150
補　間　35

■ま 行

マクロ　6, 16
モンテカルロ・シミュレーション　140

■や 行

有効数字　18

■ら 行

ラグランジュ補間　38
乱　数　140

著者略歴

伊津野 和行(いづの・かずゆき)
- 1984 年　京都大学大学院工学研究科土木工学専攻修士課程修了
- 1984 年　京都大学工学部土木工学科助手
- 1993 年　博士(工学)(京都大学)
- 1993 年　立命館大学理工学部土木工学科助教授
- 2001 年　立命館大学理工学部土木工学科教授
- 2004 年　立命館大学理工学部都市システム工学科教授
- 2018 年　立命館大学理工学部環境都市工学科教授
  - 現在に至る

酒井 久和(さかい・ひさかず)
- 1986 年　京都大学工学部土木工学科卒業
- 1986 年　若築建設
- 1998 年　京都大学大学院工学研究科交通システム工学専攻博士課程修了
- 1998 年　博士(工学)(京都大学)
- 2002 年　独立行政法人防災科学技術研究所
- 2006 年　立命館大学 COE 推進機構准教授
- 2007 年　広島工業大学准教授
- 2012 年　広島工業大学教授
- 2013 年　法政大学デザイン工学部都市環境デザイン工学科教授
  - 現在に至る

編集担当　二宮　惇(森北出版)
編集責任　富井　晃(森北出版)
組　　版　ウルス
印　　刷　エーヴィスシステムズ
製　　本　協栄製本

Excel ではじめる数値解析　　　© 伊津野和行・酒井久和　2014

2014 年 8 月 29 日　第 1 版第 1 刷発行　　【本書の無断転載を禁ず】
2024 年 8 月 30 日　第 1 版第 6 刷発行

著　　者　伊津野和行・酒井久和
発 行 者　森北博巳
発 行 所　森北出版株式会社
　　　　　東京都千代田区富士見 1-4-11 (〒102-0071)
　　　　　電話 03-3265-8341 / FAX 03-3264-8709
　　　　　https://www.morikita.co.jp/
　　　　　日本書籍出版協会・自然科学書協会　会員
　　　　　JCOPY <(一社)出版者著作権管理機構　委託出版物>

落丁・乱丁本はお取替えいたします.
Printed in Japan／ISBN978-4-627-09631-8